软装全案设计师必备

全案设计基础

DECORATION
DESIGNER

刘思维　编著

中国电力出版社
CHINA ELECTRIC POWER PRESS

内 容 提 要

室内全案设计是将室内装饰装修“功能化硬装”与“个性化软装”全面融入设计之中，提供硬装与软装一步到位的整体化方案，主要包括功能布局、风格定位、色彩应用、材料选择、界面设计、灯光照明、布艺搭配、饰品陈设等内容。本书分为室内装饰材料应用、室内装饰功能尺寸、室内装饰风格类型、室内空间界面设计、全屋收纳定制方案五大章节。本书不仅可以作为室内设计师和相关从业人员的参考工具书，也可作为高等院校相关专业的辅助教材。

图书在版编目（CIP）数据

软装全案设计师必备．全案设计基础／刘思维编著．— 北京：中国电力出版社，2020.8

ISBN 978-7-5198-4745-6

Ⅰ．①软… Ⅱ．①刘… Ⅲ．①室内装饰设计 Ⅳ．①TU238.2

中国版本图书馆 CIP 数据核字（2020）第 107680 号

出版发行：中国电力出版社
地　　址：北京市东城区北京站西街 19 号（邮政编码 100005）
网　　址：http://www.cepp.sgcc.com.cn
责任编辑：曹　巍（010-63412609）
责任校对：黄　蓓　于　维
装帧设计：唯佳文化
责任印制：杨晓东

印　　刷：北京博海升彩色印刷有限公司
版　　次：2020 年 8 月第一版
印　　次：2020 年 8 月北京第一次印刷
开　　本：787 毫米 ×1092 毫米　16 开本
印　　张：14
字　　数：308 千字
定　　价：88.00 元

前言

Foreword

近几年来，全国各地陆续出台推广精装房的政策条例，越来越多的新楼盘开始以精装房的形式出售，并逐渐成为一种趋势。因为精装房在交房前，所有功能空间的固定面全部铺装或粉刷完成，厨房和卫浴间的基本设备全部安装完成。除了少数对户型结构或空间色彩不满意的居住者之外，很少有人会对精装房进行大规模的施工，所以全案设计开始代替单一的硬装成为精装房入住的重头戏。

全案设计的概念是将“功能化硬装”与“个性化软装”全面融入设计之中，提供硬装与软装一步到位的整体化方案，主要包括功能布局、风格定位、色彩应用、材料选择、界面设计、灯光照明、布艺搭配、饰品陈设等内容。全案设计是一个系统的过程，想成为一名合格的全案设计师不仅要了解多种多样的软装风格，还要培养一定的色彩美学修养，对品类繁多的软装元素更是要了解其设计规律。

《软装全案设计师必备》系列丛书分为《全案设计基础》与《全案设计实战》两册。其中《全案设计基础》分为室内装饰材料应用、室内装饰功能尺寸、室内装饰风格类型、室内空间界面设计、全屋收纳定制方案5章，这些内容是成为一个全案设计师必须了解和掌握的基础知识。《全案设计实战》分为软装色彩应用、灯光照明设计、软装家具陈设、布艺织物搭配、软装饰品摆场5章，这些内容是全案设计中的软装设计部分，同时也是编者根据多年经验归纳出的一系列适合实战应用的软装设计规律。

本书力求结构清晰易懂，知识点深入浅出，不仅包括全案设计理论体系，而且讲解了想成为一名软装设计师应掌握的实用知识。本书可作为室内设计师和相关从业人员的参考工具书，也可作为高等院校相关专业的辅助教材。

编　者

2020年7月

目录

Contents

全案设计基础

软装全案设计师必备

PART

1

第一章 室内装饰材料应用

- F U R N I S H I N G -

- DESIGN -

室内装饰材料有很多，除了环保、耐用等各项性能的理性考量之外，美观度也是搭配室内材料时所要参考的标准之一。因为各种室内材料的特点与造价各不相同，所以在选择时，要充分考虑材料与室内其他部位的统一，使之与整个空间形成融洽的搭配，并带来一定的装饰效果。具体可根据整体设计风格以及各个功能区的环境特点等因素进行考虑。

第一节

墙纸

FURNISHING DESIGN

Point

01 纸质墙纸

纸质墙纸是一种全部用纸浆制成的墙纸，这种墙纸由于使用纯天然纸浆纤维，透气性好，并且吸水吸潮，是一种环保低碳的装饰材料。纸质墙纸的材质为两层原生木浆纸复合而成：打印面纸为韧性很强的构树纤维棉纸，底纸为吸潮且透气性很强的檀皮草浆宣纸。这两种纸材都是由植物纤维组成，其优点是透气、环保、不发霉、发黄。

纸质墙纸比 PVC 墙纸的价格略高，但是不含 PVC 墙纸的化学成分，用水性颜料墨水便可以直接打印，打印图案清晰细腻，色彩还原好。纸质墙纸表面涂有薄层蜡质，无其他任何有机成分，是纯天然的墙纸，耐磨损。此外，纸质墙纸具有良好的耐磨性和抗污性，保养十分简单，一旦发现墙纸有污迹，只需用海绵蘸清水或清洁剂擦拭；也可用湿布抹干净，然后再用干布抹干即可。

纸质墙纸以其材质构成不同分为原生木浆纸和再生纸。原生木浆纸以原生木浆为原材料，经打浆成形，表面印花而成。其特点就是相对韧性比较好，表面相对较为光滑，每平方米的重量相对较重。再生纸以可回收物为原材料，经打浆、过滤、净化处理而成，该类纸的韧性相对较弱，表面多为发泡型或半发泡型，每平方米的重量相对较轻。

Point

02 手绘墙纸

手绘墙纸是指绘制在各类不同材质上的绘画墙纸，也可以理解为绘制在墙纸、墙布、金银箔等各类软材质的大幅装饰画。其绘画风格一般可分为工笔、写意、抽象、重彩、水墨等。手绘墙纸颠覆了只能在墙面上绘画的概念，而且更富装饰性，能让室内空间呈现焕然一新的视觉效果。

手绘墙纸有多种风格可供选择，如中式手绘墙纸、欧式手绘墙纸和日韩手绘墙纸等。在选择时切记不可喧宾夺主，不宜采用有过多装饰图案或者图案面积很大、色彩过于艳丽的墙纸。选择具有创意图案、风格大方的手绘墙纸，有利于烘托出静谧舒适的感觉。

◇ 手绘墙纸的图案应与空间的整体风格相呼应

◇ 通常手绘墙纸装饰的墙面就是形成空间视觉焦点的主题墙

目前市场上的手绘墙纸多以中国传统工笔、水墨画技法为主，它的制作需要多名绘画基本功极其扎实的手绘工艺美术师，经过选材、染色、上矾、裱装、绘画等数十道工序打造而成。所以手绘墙纸虽然装饰效果不错，但是价格相对较贵，其价格根据墙纸用料及工艺复杂程度的不同略有差异，一般价格为 300~1200 元 /m^2。

手绘墙纸按材质可分为布面手绘、PVC 手绘、真丝手绘、金箔手绘、银箔手绘、纯纸手绘、草编手绘、竹墙纸手绘等，其中布面手绘的材质又分为亚麻布、棉麻混纺布、丝绸布等。

◇ 银箔手绘墙纸

◇ 真丝手绘墙纸

◇ 金箔手绘墙纸

◇ 纯纸手绘墙纸

Point

03 金属墙纸

金属墙纸即在产品基层上涂上一层金属，质感强，可让居室产生一种华丽之感。这类墙纸的价格较高，一般为 200~1500 元 /m^2。其中金箔墙纸是将金属通过十几道特殊工艺，锤打成薄片，然后经手工贴饰于原纸表面，再经过各种印花等加工处理，最终制成金箔墙纸。银箔墙纸的制作工艺与金箔墙纸相同，唯一的差别在于银金属的使用量较多。

金属墙纸若是大面积使用，会有俗气之感，很难与家具及其他软装进行搭配，但适当点缀又会给居室带来一种前卫和炫目之感。

相比较其他类型墙纸，金属墙纸会更多地设计在吊顶当中，并且多配合欧式风格。在设计好的石膏板吊顶的内部粘贴金箔墙纸，可以是平面粘贴，也可以是随着凹凸造型来粘贴，完全地将吊顶展露出来，展现出空间的高贵奢华感。

◇ 金箔墙纸装饰的吊顶通常出现在欧式风格的空间中

◇ 银箔墙纸的应用

◇ 金箔墙纸适合局部使用才能起到更好的点缀作用

Point

04 墙布

墙布主要以丝、羊毛、棉、麻等纤维织成，由于花纹都是平织上去的，给人一种立体的真实感，摸上去很有质感。墙布可满足多样性的审美要求与时尚需求，因此也被称为墙上的时装，具有艺术与工艺附加值。

墙布的种类繁多，按材料可分为纱线墙布、织布类墙布、植绒墙布和功能类墙布等。不同质地、花纹、颜色的墙布在不同的房间，与不同的家具搭配，都能带来不一样的装饰效果。在为空内墙面搭配墙布时，既可选择一种样式的铺装以体现统一的装饰风格，也可以根据不同功能区的特点以及使用需求选择相应款式的墙布，以达到最为贴切的装饰效果。墙布由于种类的不同，价格浮动区间较大，一般为 50~500 元 /m^2。

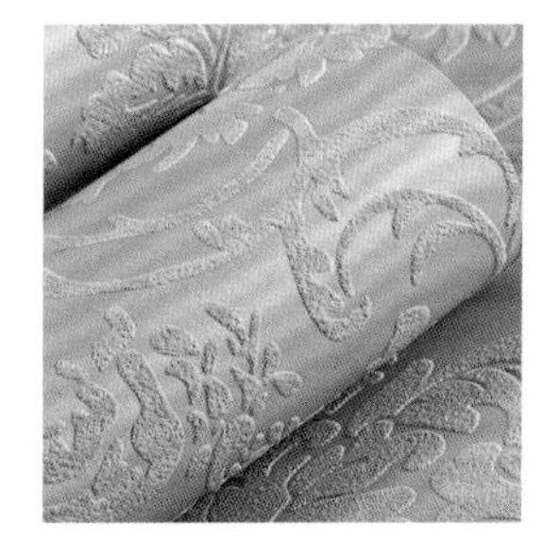

◇ 植绒墙布

◇ 纱线墙布

◇ 平织墙布

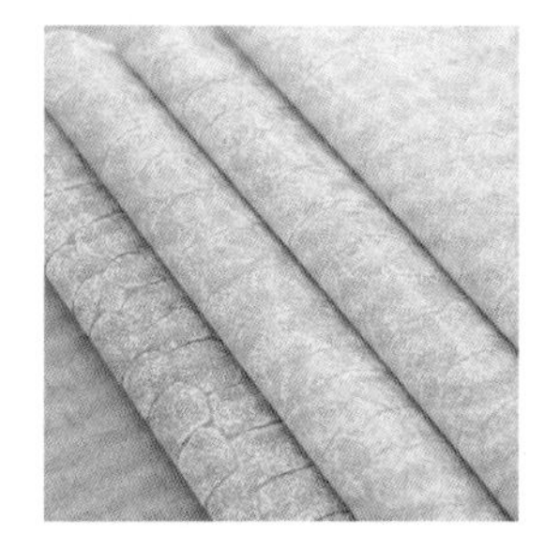

◇ 无纺墙布

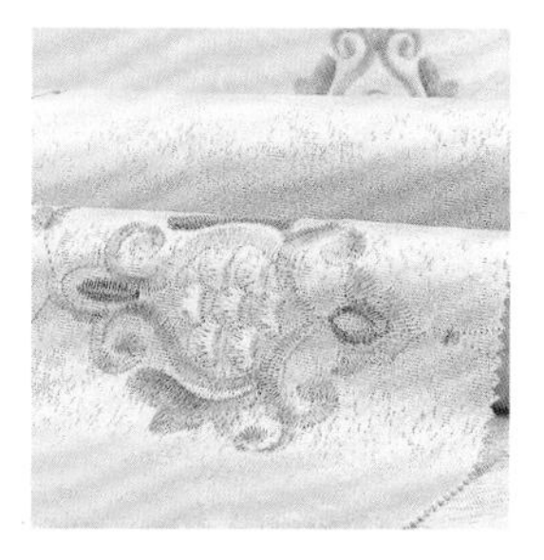

◇ 刺绣墙布

◇ 提花墙布

在购买墙布时，首先应观察其表面的颜色以及图案是否存在色差、模糊等现象。墙布图案的清晰度越高，说明墙布的质量越好。

其次看墙布正反两面的织数和细腻度，一般来说表面布纹的密度越高，则说明墙布的质量越好。

此外，墙布的质量主要与其工艺和韧性有关，因此在选购时，可以用手去感受墙布的手感和韧性，特别是植绒类墙布，通常手感越柔软舒适，说明墙布的质量好，并且柔韧性也会越强。

墙布的耐磨、耐脏性也是选购时不容忽视的一点。在购买时可以用铅笔在纸上画几笔，然后再用橡皮擦擦掉，品质较好的墙布，即使表面有凹凸纹理，也很容易擦干净，如果是劣质的墙布，则很容易被擦破或者擦不干净。

墙布以纱布为基底，面层用PVC压花制成。由于墙布是由聚酯纤维合并交织而成，所以具备很好的固色能力，能长久保持装饰效果。墙布的防潮性和透气性较好，污染后也比较容易清洗，并且不易擦毛和破损。

第二节

涂料

FURNISHING
DESIGN

Point

01 乳胶漆

乳胶漆是以合成树脂乳液为基料，通过研磨并加入各种助剂精制而成的涂料，也叫乳胶涂料。乳胶漆有着传统墙面涂料所不具备的优点，如易于涂刷、覆遮性高、干燥迅速、漆膜耐水、易清洗等。由于乳胶漆具有品种多样、适用面广、对环境污染小以及装饰效果好等特点，因此是目前室内装修中，使用最为广泛的墙面装饰材料之一。

◇ 乳胶漆是小户型墙面最为常见的装饰材料之一，但注意颜色不宜太深

很多人以为色卡上乳胶漆的颜色会和刷上墙后的颜色完全一致，其实这是一个误区。由于光线反射以及漫反射等原因，房间四面墙都涂上漆后，墙面颜色看起来会比色卡上略深。因此在色卡上选色时，建议挑选浅一号的颜色，这样才能达到预期效果。如果喜欢深色墙面，可以与所选色卡颜色一致。

◇ 利用局部的深色乳胶漆墙面代替了护墙板的作用

◇ 偏冷色系的乳胶漆墙面适合光照充足的朝南空间

乳胶漆根据使用环境的不同，可分为内墙乳胶漆和外墙乳胶漆；根据装饰的光泽效果分为无光、哑光、丝光和亮光等类型；根据产品特性的不同分为水溶性内墙乳胶漆、水溶性涂料、通用型乳胶漆、抗污乳胶漆、抗菌乳胶漆、叔碳漆、无码漆等。

具体可以根据房间的不同功能选择相应特点的乳胶漆。如挑高区域及不利于翻新的区域，建议用耐黄变的优质乳胶漆产品；卫浴间、地下室最好选择耐真菌性较好的乳胶漆；而厨房、浴室可以选用防水涂料。除此之外，选择具有一定弹性的乳胶漆，有利于覆盖裂纹、保护墙面的装饰效果。

◇ 乳胶漆的装饰作用来自它的耐水性能和保色性能

◇ 丝光漆

◇ 哑光漆

◇ 卫浴间墙面应选择防水乳胶漆

Point

02 硅藻泥

硅藻泥是一种以硅藻土为主要原材料的内墙装饰涂料，其主要成分为蛋白石，质地轻柔、多孔，本身纯天然，没有任何的污染以及添加剂。硅藻泥具有极强的物理吸附性和离子交换功能，不仅能吸附空气中的有害气体，而且还能调节空气中的湿度，因此被称为“会呼吸的环保型材料”。

硅藻泥的颜色稳定，持久不褪色，可以使墙面长期如新。不仅如此，硅藻泥还具有很好的装饰性能，是替代墙纸和乳胶漆的新一代室内装饰材料。但是不建议塑造凹凸纹理较大的装饰花纹，以免出现积灰的现象。

◇ 品质好的硅藻泥装饰的墙面色彩柔和

◇ 过道上的硅藻泥墙面避免采用凹凸纹理较大的装饰花纹

◇ 弹涂纹理的硅藻泥墙面富有质感

◇ 硅藻泥除了环保性能之外，还可以使墙面长期如新

硅藻泥按照涂层表面的装饰效果和工艺可以分为质感型、肌理型、艺术型和印花型等。质感型采用添加一定级配的粗骨料，抹平形成较为粗糙的质感表面；肌理型是用特殊的工具制作成一定的肌理图案，如布纹、祥云等；艺术型是用细质硅藻泥找平基底，制作出图案、文字、花草等模板，在基底上再用不同颜色的细质硅藻泥做出图案；印花型是指在做好基底的基础上，采用丝网印做出各种图案和花色。

硅藻泥施工纹样通常有如意、祥云、水波、拟丝、土伦、布艺、弹涂、陶艺等。一般硅藻泥施工价格约为 100~600 元 /m²，与其他内墙涂料施工工艺相比，硅藻泥施工有很大区别，至少拥有 1~2 年硅藻泥施工经验的师傅才能独立完成硅藻泥施工。图案越复杂，花色越多，施工的程序就相应越多，价格就越贵。

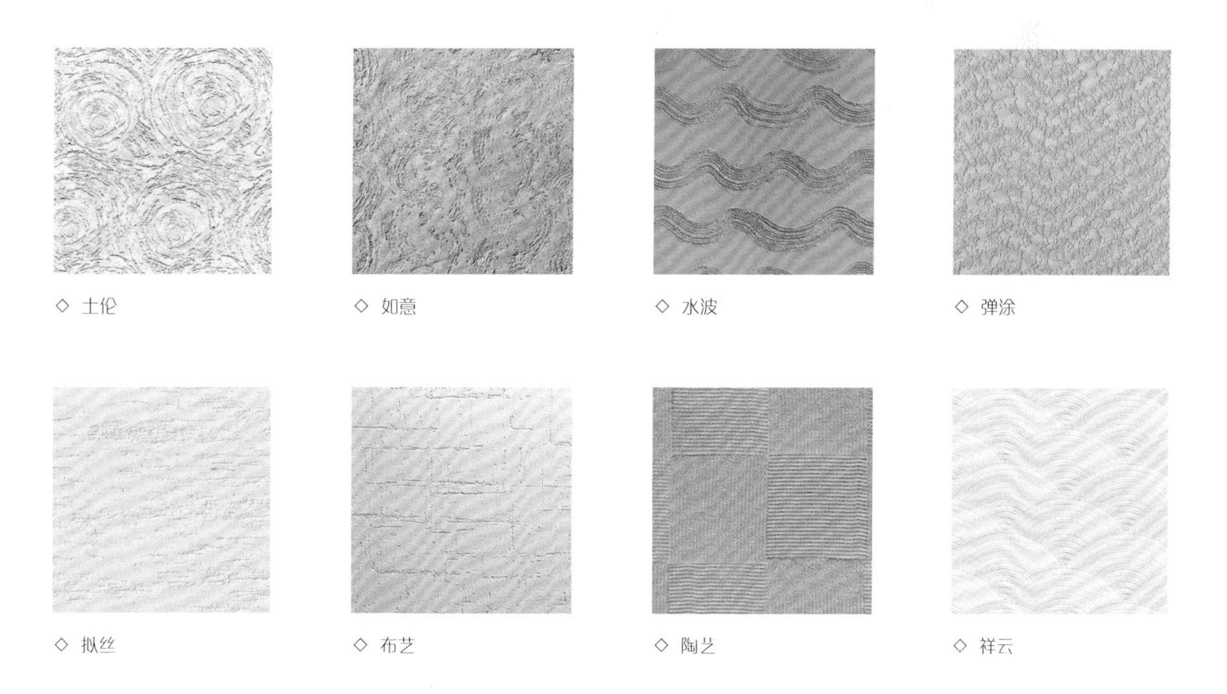

◇ 土伦　◇ 如意　◇ 水波　◇ 弹涂

◇ 拟丝　◇ 布艺　◇ 陶艺　◇ 祥云

Point

03 艺术涂料

艺术涂料是一种新型的墙面装饰艺术漆，是以各种高品质的具有艺术表现功能的涂料为材料，结合一些特殊工具和施工工艺，制造出各种纹理图案的装饰材料。

艺术涂料与传统涂料之间最大的区别在于艺术涂料质感肌理表现力更强，可直接涂在墙面，产生粗糙或细腻立体艺术效果。另外，可通过不同的施工工艺和技巧，制作出更为丰富和独特的装饰效果。艺术涂料不仅克服了乳胶漆无层次感的缺乏及墙纸易变色、翘边、起泡、有接缝、寿命短的缺点，又有乳胶漆易施工、寿命长、图案精美、装饰效果好等特征。

艺术涂料根据风格不同可分为：真石漆、板岩漆、墙纸漆、浮雕漆、幻影漆、肌理漆、金属漆、裂纹漆、马来漆、砂岩漆等。艺术涂料上漆基本上分为两种：加色和减色，加色即上了一种颜色之后再上另外一种或几种颜色；减色即上了漆之后，用工具把漆有意识地去掉一部分，呈现自己想要的效果。

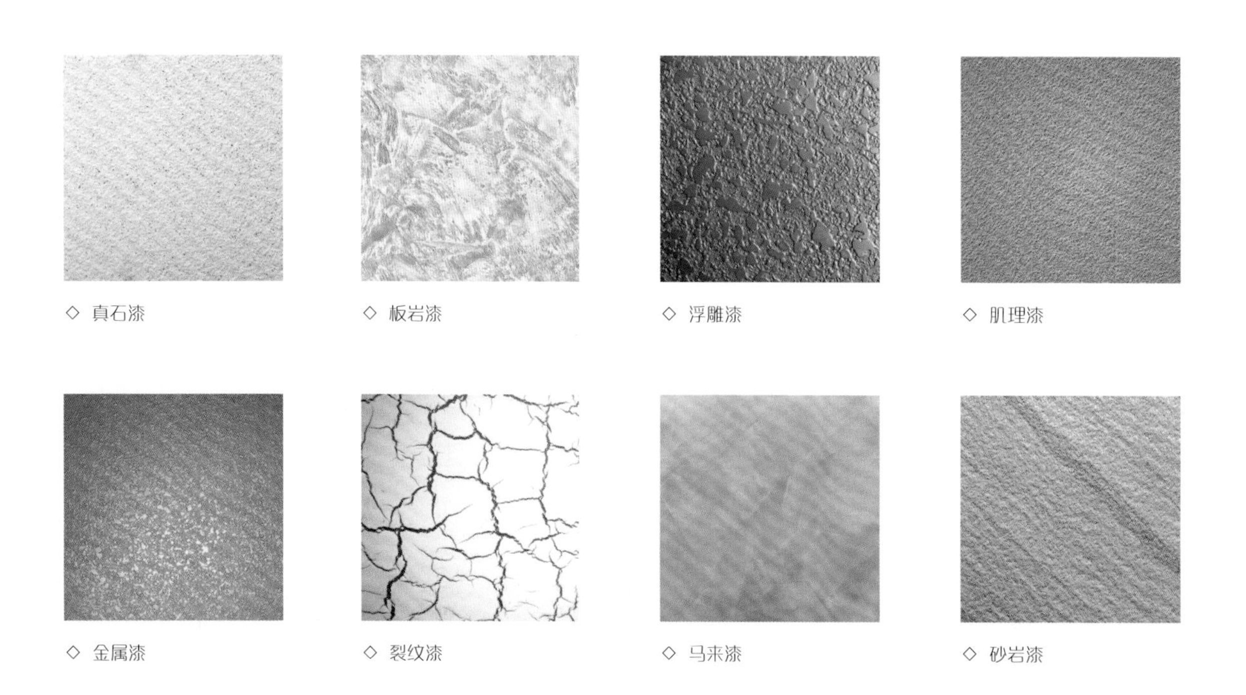

◇ 真石漆　◇ 板岩漆　◇ 浮雕漆　◇ 肌理漆

◇ 金属漆　◇ 裂纹漆　◇ 马来漆　◇ 砂岩漆

艺术涂料不仅具有传统涂料的保护和装饰作用，而且耐候性和美观性更加优越，因此与传统涂料相比，价格相对较高。目前市场上有质量保证的品牌艺术漆价格一般在 100~900 元 /m^2。艺术涂料的小样和大面积施工呈现出来的效果会有区别，建议在大面积施工前，在现场先做出一定面积的样板，再决定整体施工。注意转角处的图案衔接和处理也是效果统一的关键。

Point

01 大理石

大理石是地壳经过质变形成的石灰岩，其主要成分以碳酸钙为主，具有使用寿命长、不磁化、不变形、硬度高等优点，因早期我国云南大理地区的大理石质量最好，其名字也因此而来。大理石根据其表面的颜色，大致可分为白色系大理石（雅士白大理石、爵士白大理石、大花白大理石、雪花白大理石）、米色系大理石（阿曼米黄大理石、金线米黄大理石、西班牙米黄大理石）、灰色系大理石（帕斯高灰大理石、法国木纹灰大理石、云多拉灰大理石）、黄色系大理石（雨林棕大理石、热带雨林大理石）、绿色系大理石（大花绿大理石、雨林绿大理石）、红色系大理石（橙皮红大理石、铁锈红大理石、圣罗兰大理石）、咖啡色大理石（浅啡网纹大理石、深啡网纹大理石）、黑色系大理石（黑白根大理石、黑木纹大理石、黑晶玉大理石、黑金沙大理石）等八个系列。

◇ 天然大理石的纹理宛如一幅浑然天成的水墨山水画

品质不同，大理石的价格自然也会不同。一般大理石的价格在 200 元 /m^2 以上，质量上乘的大理石，经过简单加工，价格在 1000 元 /m^2 左右。大理石因出厂地及出材率的不同，对价格也有较大的影响。

◇ 以大理石为主材打造的客厅电视墙

为提高大理石的出材使用率，尽可能按照不同石材的大板规格设计尺寸比例，以降低损耗。常见的大理石施工方式可分为干挂法和湿铺法。相对于湿铺法来说，干挂施工可以提高工效，减轻建筑的自重，克服了水泥砂浆对石材渗透的弊病等。大理石属于中硬石材，根据不同品种应用于室内，会进行表面二次晶化处理，另外一些浅色、容易受污染的石材在铺贴时应做相应防护处理。

种类	图片	特点	参考价格（每平方米）
爵士白大理石		颜色具有纯净的质感，带有独特的山水纹路，有着良好的加工性和装饰性能	200~350 元
黑白根大理石		黑色质地的大理石带着白色的纹路，光泽度好，经久耐用，不易磨损	180~320 元
啡网纹大理石		分为深色、浅色、金色等几种，纹理强烈，具有复古感，价格相对较贵	280~360 元
紫罗红大理石		底色为紫红，夹杂着纯白、翠绿的线条，形似传统国画中的梅枝招展，显得高雅大方	400~600 元
大花绿大理石		表面呈深绿色，带有白色条纹，特点是组织细密、坚实、耐风化、色彩鲜明	300~450 元
黑金花大理石		深啡色底带有金色花朵，有较高的抗压强度和良好的物理性能，易加工	200~430 元
金线米黄大理石		底色为米黄色，带有自然的金线纹路，用作地面时间久了容易变色，通常作为墙面装饰材料	140~300 元
莎安娜米黄大理石		底色为米黄色，带有白花，不含有辐射且色泽艳丽、色彩丰富，被广泛用于室内墙、地面的装饰	280~420 元

Point

02 人造石

人造石的成分主要是树脂、铝粉、颜料和固化剂，是应用高分子的实用建筑材料。人造石是一种新型环保复合材料。相比天然石材、陶瓷等传统建材，人造石不但功能多样，颜色丰富，应用范围也更加广泛。

人造石是高分子材料聚合体，通常是以不饱和树脂和氢氧化铝填充料为主材，经搅拌、浅注、加温、聚合等工艺成型的高分子实心板，一般称为树脂板人造石。以甲基丙烯酸甲酯为主材的人造石，又称亚克力石。甲基丙烯酸甲酯、树脂混合体人造石，是介于上述两种人造石之间的实用型人造石。

人造石耐碱性优异，易清洁打理，无缝隙，被广泛应用于台面、地面和异形空间。使用一段时间以后可以做抛光处理，表面依然亮丽如新。人造石的表面一般都进行过封釉处理，所以平时不需要太多的保养，表面抗氧化的时间也很长。但是，人造石的花纹大多数都是相同的，所以在施工的时候可以采取抽缝铺贴的方式。不同类型的人造石价格不一样，按价格从高到低排序分别是亚克力石、铝粉人造石、石英石、钙粉人造石、花岗石，不同的材质决定了最终成品的价格。人造石台面的价格通常按延米计算。

◇ 人造石吧台

◇ 铝粉人造石

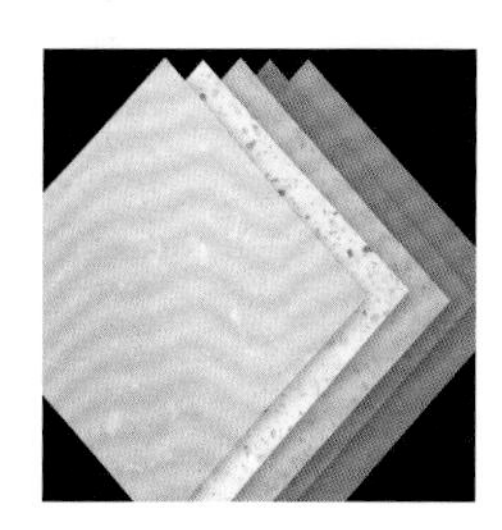

◇ 花岗石

◇ 钙粉石英石

◇ 亚克力石

◇ 石英石

Point

03 微晶石

微晶石是在高温作用下，经过特殊加工烧制而成的石材。具有天然石材无法比拟的优势，例如内部结构均匀，抗压性好，耐磨损，不易出现细小裂纹。微晶石质地细腻，光泽度好，除了具有玉质般的质感之外，还拥有丰富的色彩，尤以水晶白、米黄、浅灰和白麻四个色系最为流行。由于属于微晶材质，对于光线能产生柔和的反射效果。另外由于生产过程中使用玻璃基质，因此微晶石的表层具有晶莹剔透的效果。

◇ 微晶石

根据原材料及制作工艺的不同，可以把微晶石分为通体微晶石、无孔微晶石和复合微晶石三类。在购买微晶石前要先确定好室内的整体装饰风格，然后选择图案颜色相对应的微晶石，以免因选择错误造成较大的突兀感或达不到想要的装饰效果。此外，建议选择口碑比较好的微晶石品牌，因为一线二线品牌的产品，在质量要求上和生产监管上都比较严格。

微晶石的图案、风格非常丰富，因此施工时，其型号、色号和批次等要一致。铺贴造型一般以简约的横竖对缝法即可，建议绘制分割图纸以及现场预演铺贴一下，以找到最合适的铺贴方案再进行施工。

◇ 通体微晶石

◇ 无孔微晶石

◇ 复合微晶石

Point

04 文化石

文化石不是专指某一种石材，而是对一类能够体现独特空间风格饰面石材的统称。文化石本身也不包含任何文化含义，而是利用其原始的色泽纹路，展示出石材的内涵与艺术魅力。因为装饰本是人与自然的关系，而自然的这种魅力与人们崇尚自然、回归自然的文化理念相吻合，因此被人们统称为文化石或艺术石。与自然石材相比，文化石的重量轻了三分之一，可像铺瓷砖一样来施工，而价格相对要经济实惠很多，只有原石的一半左右。

文化石给人自然、粗犷的感觉，并且外观种类很多，可依家中的风格搭配。一般乡村风格的室内空间墙面运用文化石最为合适，色调上可选择红色系、黄色系等，在图案上则是以木纹石、乱片石、层岩石等较为普遍。文化石按外观可分成很多种，如砖石、木纹石、鹅卵石、石材碎片、洞石、层岩石等，只要能想到的石材种类，几乎都有相对应的文化石，甚至还可仿木头年轮的质感。

种类	图片	特点	参考价格（每平方米）
仿砖石		仿制砖石的质感和样式，可做出色彩不一的效果，是价格最低的文化石，多用于壁炉或主题墙的装饰	150~180 元
城堡石		外形仿照古时城堡外墙形态和质感制作，有方形和不规则形两种类型，多为棕色和灰色两种色彩，颜色深浅不一	160~200 元
层岩石		仿岩石石片堆积形成层片感，是很常见的文化石种类，有灰色、棕色、米白等色彩	140~180 元
蘑菇石		因突出的装饰面如同蘑菇而得名，也叫馒头石，主要用于室内外墙面、柱面等立面装饰，显得古朴、厚实	220~300 元

文化石背景墙在铺贴前，应先在地面摆设一下预期的造型，调整整体的均衡性和美观性，例如小块的石头要放在大块的石头旁边，每块石材之间颜色搭配要均衡等。如有需要，还可以提前将文化石切割成所需要的样式，以达到最为完美的装饰效果。

文化石的价格多以“箱”为单位，进口材料的价格约是国产材料价格的 2 倍，但色彩及外观的质感较好。

◇ 文化石是乡村风格墙面最常见的装饰材料，适合表现粗犷复古的气质

◇ 工业风格空间的文化石墙面，与铁艺材质的软装元素搭配得十分和谐

◇ 文化石背景墙在铺贴前，应先在地面摆设一下预期的造型

Point

05 玻化砖

玻化砖是由石英砂、水泥按照一定比例烧制而成，然后经打磨抛光，表面如玻璃镜面一样光滑透亮，是所有瓷砖中最硬的一种，在吸水率、边直度、弯曲强度、耐酸碱性等方面都优于普通釉面砖、抛光砖及一般的大理石。

玻化砖的出现是为了解决抛光砖出现的易脏问题，又称为全瓷砖。玻化砖表面光洁但又不需要抛光，不存在抛光气孔的问题，所以质地要比抛光砖更硬、更耐磨，长久使用也不容易出现表面破损，性能稳定。玻化砖不同于一般抛光砖色彩单一、呆板、少变化，它的色彩艳丽柔和，没有显著色差，不同色彩的粉料自由融合，自然呈现丰富的色彩层次。大规格的玻化砖已经发展成为居室装饰的主流，广泛用于客厅、门厅等地方。此外，玻化砖可随意切割，任意加工成各种图形及文字。用玻化砖铺贴装饰的空间具有更加高雅的品位，能将古典与现代兼容并蓄。

◇ 大面积白色玻化砖地面使得空间显得更加开阔

◇ 拥有天然石材纹理的玻化砖具有较强的装饰感

玻化砖的主要分类有渗花型砖、微粉砖、多管布料砖和防静电砖等。相对大理石、微晶石来说，玻化砖是普通的瓷砖。综合价格包含材料费和人工费，其中材料费是最关键的。根据品牌不同价格浮动较大，一般在100~500元/m²。

◇ 白色玻化砖地面具有膨胀感，并且给人空间层高拔高的视错觉

Point

06 仿古砖

仿古砖是从彩釉砖演化而来，实质上是上釉的瓷质砖。与普通的釉面砖相比，其差别主要表现在釉料的色彩上面，现代仿古砖属于普通瓷砖，与瓷砖基本是相同的，所谓仿古，指的是砖的效果，应该叫仿古效果的瓷砖。仿古砖既保留了陶质的质朴和厚重，又不乏瓷质的细腻润泽，而且花色易于搭配组合，表面易于处理。

由于仿古地砖表面经过打磨而形成的不规则边，有着经岁月侵蚀的模样，呈现出质朴的历史感和自然气息，不仅装饰感强，而且突破了瓷砖脚感不如木地板的刻板印象。仿古砖的外观古朴大方，其品种、花色也较多，但每一种仿古砖在造型上的区别并不大，因而仿古砖的色彩就成了设计表达最有影响力的元素。

仿古砖规格齐全，有 900mm×450mm 和 800mm×800mm 等规格，更多的是 600mm×600mm 的，而且还有适合厨卫等空间使用的小规格砖。

◇ 中式风格地面常用灰色仿古砖表现古朴自然的禅意

◇ 乡村风格地面常用米色或偏暖色的仿古砖表现质朴的历史感

仿古砖的种类也比较丰富，从施釉方式来看，分为半抛釉和全抛釉，从表现手法上分为单色砖和花砖。想要居室呈现出不太一样的装饰效果，可以选择半抛釉和全抛釉仿古砖。全抛釉仿古砖光亮而且耐污，适合用于室内家居地面。而半抛釉仿古砖，可用于墙面效果表现。单色仿古砖就是由一组颜色组成的瓷砖，可以营造简洁的居室风格；而花砖则多以装饰性的手绘图案进行表现。在肌理表现上，仿古砖有各种不同的仿制造型，常见的有仿木材或仿石材的，也有仿织物或仿金属质地的瓷砖。

常见的仿古砖铺贴方式，除了与传统墙地砖一样的中规中矩，横平竖直的铺贴方法之外，还有人字贴、工字贴、斜形菱线、切角衬小花砖铺贴、地砖配边线铺贴等。

仿古砖在铺贴上需注意缝隙要留大点，一般在 3mm 左右，因为有些仿古砖是手工制作，边形可能不规则，尺寸上也会有些误差，如果缝留大一些的话可以弥补这些问题。填缝剂尽量选好一些的，有很多种颜色可以选择，注意像仿古砖这类留缝比较大的砖，尽量不要选择纯白色的填缝剂，一旦脏了就会影响美观。

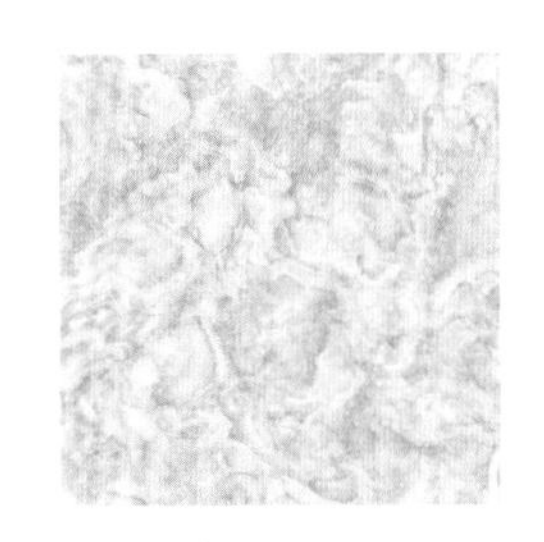

◇ 全抛釉仿古砖

◇ 半抛釉仿古砖

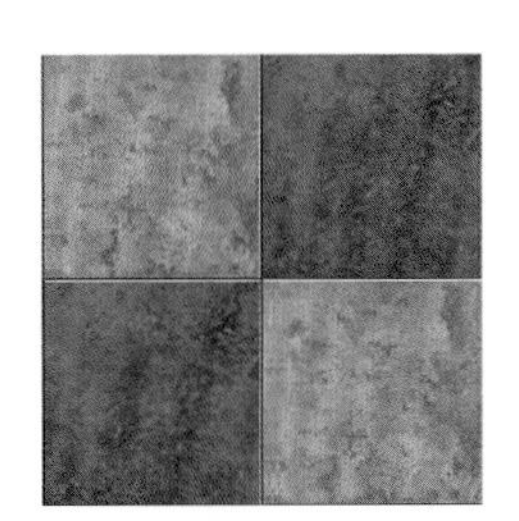

◇ 单色仿古砖

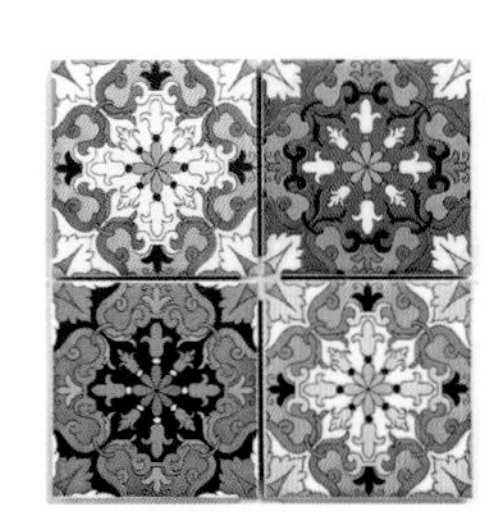

◇ 仿古花砖

◇ 六角仿古砖拼花

◇ 仿古菱形铺贴加波打线的方式

◇ 仿古砖四角做拼花造型的铺贴方式

Point

07 水泥砖

水泥砖是指利用粉煤灰、煤渣、煤矸石、尾矿渣、化工渣或者天然砂、海涂泥等作为主要原料，用水泥做凝固剂，不经高温煅烧而制造的一种新型墙体材料。水泥砖属于仿古砖的一种，是真实还原水泥质感的瓷砖，传达的是一种粗犷、简朴却又不失精致和细腻的感觉。

水泥砖在工艺上属于釉面砖，从材质上属于瓷质砖。水泥砖没有使用场所的限制，可以用于室内，也可以用于室外，还可以用于客厅、厨房、卫生间、卧室。水泥砖适用于多种风格的空间，如现代、北欧、极简、现代中式等风格，无论是用于墙面或地面都能够得心应手地营造空间的氛围，搭配设计感十足的家具款式，往往会达到出乎意料的效果。

水泥砖按产品规格分为条形砖、方形砖和多边形砖等。水泥砖根据表面需要的光滑程度，有干粒、半抛、柔抛和全抛等不同处理方式。品质不同，水泥砖的价格自然也会不同。优质的水泥砖价格为 200~400 元 /m^2，质量中等的水泥砖价格为 100~200 元 /m^2，一般质量的水泥砖价格为 40~100 元 /m^2。

◇ 水泥砖与原木是最佳搭配，使得室内风格显得自然纯朴

◇ 水泥砖真实还原水泥质感，是工业风格空间常见的地面材料

Point

08 马赛克

马赛克又称锦砖或纸皮砖，发源于古希腊，具有防滑、耐磨、不吸水、耐酸碱、抗腐蚀、色彩丰富等特点。马赛克是运用色彩变化的绝好载体，所打造出丰富的图案不仅能在视觉上带来强烈的冲击，而且赋予了室内墙面全新的立体感，更重要的是，马赛克能根据自己的个性以及装饰需求，打造出独一无二的室内空间，也可以选择自己喜欢的图案进行个性定制。

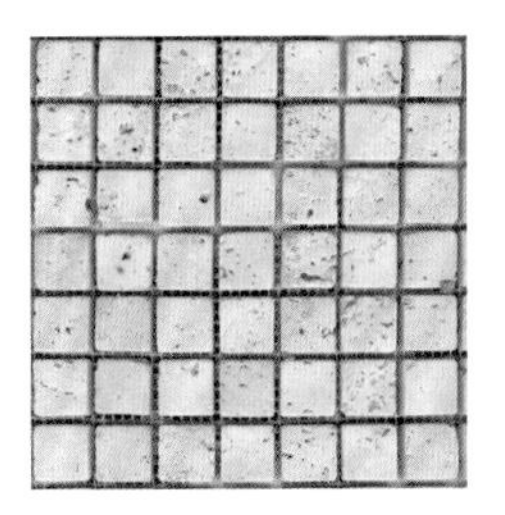

◇ 石材马赛克

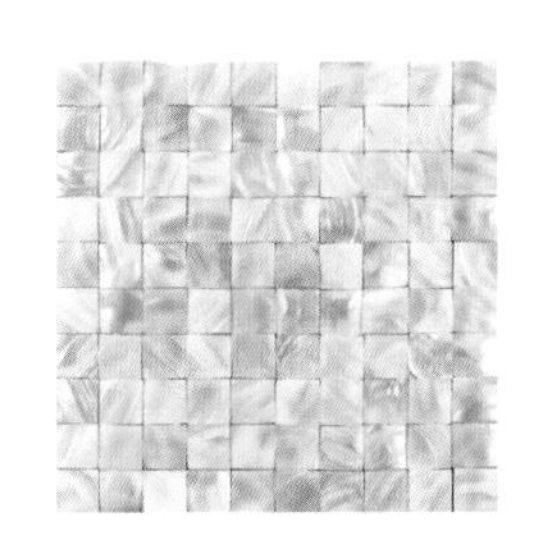

◇ 贝壳马赛克

◇ 玻璃马赛克

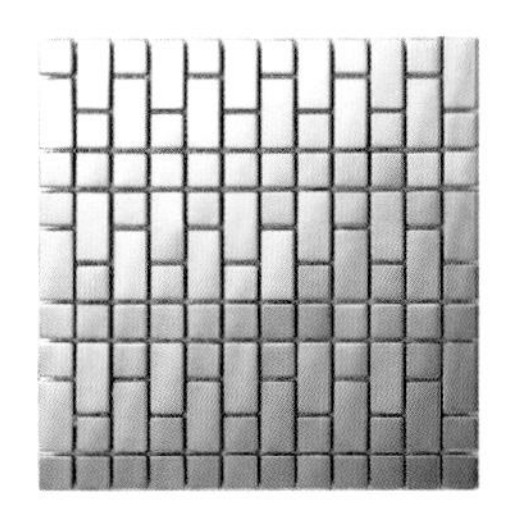

◇ 金属马赛克

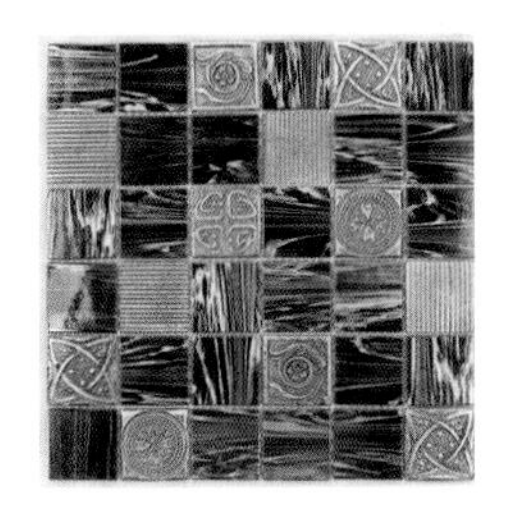

◇ 树脂马赛克

◇ 陶瓷马赛克

马赛克的种类十分多样，按照材质、工艺的不同可以将其分为石材马赛克、陶瓷马赛克、贝壳马赛克、玻璃马赛克、树脂马赛克等若干不同的种类。

如果追求空间个性及装饰特色，则可以尝试将马赛克进行多色混合拼贴，或者拼出自己喜爱的背景图案，让空间充满时尚现代的气质。如果选择了大面积拼花的马赛克图案作为造型，那么在家具选择上要尽量简洁明快，以防止视觉上的混乱。其次，作为局部墙面的装饰，还要注意在和墙面其他材质之间的交接处形成和谐的过渡，让整体室内空间显得更加完整统一。

◇ 黑白色马赛克拼花的造型富有视觉冲击感

空间面积的大小决定着马赛克图案的选择，通常面积较大的空间宜选择色彩跳跃的大型马赛克拼贴图案，而面积较小的空间则尽可能选择色彩淡雅的马赛克，这样可以避免小空间因出现过多颜色，而导致过于拥挤的视觉感受。

◇ 卫浴间中的马赛克拼花主题墙

◇ 繁华主题的马赛克拼花造型带来时尚现代的气质

马赛克根据使用的材质不同，价格差别也非常大。普通的如玻璃、陶瓷马赛克价格在每平方米几十元，但是同样的材质根据纹理、图形个性设计的差别，价格又有高低差异。而一些高端材质如石材、贝壳等材料价格一般每平方米高达几百元甚至上千元不等。

Point

01 镜面玻璃

镜面玻璃又称磨光玻璃，是用平板玻璃经过抛光后制成的玻璃，分单面磨光和双面磨光两种，表面平整光滑且有光泽。在室内墙面装饰中，镜面材料的装点及运用不仅能张扬个性，而且能体现出一种具有时代感的装饰美学。

在面积较小的空间中，巧妙地在墙面上运用镜面材质，不仅能够利用光的折射增加空间采光，也能起到延伸视觉空间的作用。需要注意的是，在设计的时候不能将镜面对着光线入口处，以免产生眩光。此外，如果在室内空间的墙面安装镜面，应使用其他材料进行收口处理，以增强安全性和美观度。

◇ 餐厅运用镜面装饰墙面不仅寓意吉祥，而且也是一种借景入室的设计手法

◇ 采光不佳并且层高较低的功能空间适合采用顶面装饰镜面的方式扩大视觉空间感

◇ 客厅中安装大块的镜面可增加空间的开阔感，但应事先考虑好大尺寸镜面搬运上楼的问题

种类	特点	参考价格（每平方米）
茶镜	给人温暖的感觉，适合搭配木饰面板使用，可用于各种风格的室内空间中	190~260 元
灰镜	适合搭配金属使用，即使大面积使用也不会过于沉闷，适合现代风格的室内空间中	170~210 元
黑镜	色泽给人以冷感，具有很强的个性，适合局部装饰于现代风格的室内空间中	180~230 元
银镜	指用无色玻璃和水银镀成的镜子，在室内装饰中最为常用	120~150 元
彩镜	色彩种类多，包括红镜、紫镜、蓝镜、金镜等，但反射效果弱，适合局部点缀使用	200~280 元

车边镜是指将镜面的周围按照一定的宽度，车削适当坡度的斜边，使其看起来具有立体以及凸显精细质感，同时这样的镜面边缘处理也是为了不容易划手伤到人，一定程度上增加了镜面装饰的安全性。如果考虑在墙上安装车边镜，建议选择颜色较深的镜面，如灰镜、茶镜、金镜等，这样既提升了背景墙的装饰效果，也不会因为光线过强的反射而影响到电视的观看体验。

需要注意的是，在室内装饰中，镜面的高度建议尽量不要超过 2.4m，因为常规镜子的长度一般在 2.4m 以内，高于 2.4m 这个尺寸的镜面通常需要定制，而且也不太容易上楼，后期的搬运和安装存在一定的风险，且安装也相对比较麻烦。

Point

02 烤漆玻璃

烤漆玻璃是一种极富表现力的装饰玻璃品种，可以通过喷涂、滚涂、丝网印刷或者淋涂等方式来表现外观效果。烤漆玻璃也叫背漆玻璃，分为平面烤漆玻璃和磨砂烤漆玻璃。它是在玻璃的背面喷漆，然后在30°~45°的烤箱中烤8~12小时制作而成的玻璃种类。众所周知，油漆对人体具有一定的危害性，因此烤漆玻璃在制作时一般会采用环保型的原料和涂料，从而大大地提升了品质与安全性。

◇ 乳白色烤漆玻璃背景墙

烤漆玻璃根据制作的方法不同，一般分为油漆喷涂玻璃和彩色釉面玻璃，在彩色釉面玻璃里面，又分为低温彩色釉面玻璃和高温彩色釉面玻璃。油漆喷涂的玻璃，刚用时色彩艳丽，多为单色或者用多层饱和色进行局部套色，常用在室内。在室外时，经风吹、雨淋、日晒之后，一般都会起皮脱漆。在彩色釉面玻璃上可以避免以上问题，但低温彩色釉面玻璃会因为附着力问题出现划伤、掉色现象。

◇ 红色烤漆玻璃背景墙

◇ 烤漆玻璃

◇ 绿色烤漆玻璃隔断

烤漆玻璃的应用比较广泛，可用于制作玻璃台面、玻璃形象墙、玻璃背景墙、衣柜柜门等。除了在现代风格的室内环境中表现时尚感之外，也可根据需求定制图案后用于混搭风格和古典风格中。

Point

03 艺术玻璃

艺术玻璃是指通过雕刻、彩色聚晶、物理暴冰、磨砂乳化、热熔、贴片等众多形式，让玻璃具有花纹、图案和色彩等效果。艺术玻璃的风格多种多样，作为室内装饰材料之一，在选购时注意艺术玻璃的颜色、图案和风格，要能与家中的整体风格一致，这样才能使整体的装饰效果更加完美。如地中海风格的空间，可选择蓝白色小碎花样的艺术玻璃装饰背景墙，而不能选用暗红色的艺术玻璃。

◇ 艺术玻璃在隔断空间的同时也是室内一道风景线

艺术玻璃的款式多样，具有其他材料没有的多变性。选购时最好选择经过钢化的艺术玻璃，或选购加厚的艺术玻璃，如10mm、12mm 等，以降低玻璃的破损概率。艺术玻璃如需定制，一般需 10~15 天。定制的尺寸、样式的挑选空间很大，有时也没有完全相同的样品可以参考，因此最好到厂家挑选，找出类似的图案样品参考，才不会出现想象与实际差别过大的状况。

艺术玻璃根据工艺难度不同，价格高低比较悬殊。一般来说，100 元 /m^2 的艺术玻璃多属于 5mm 厚批量生产的划片玻璃，不能钢化，图案简单重复，不适宜作为主要点缀对象；主流的艺术玻璃价位在 400~1000 元 /m^2。

◇ 中式风格空间中水墨山水画图案的艺术玻璃

Point

04 玻璃砖

玻璃砖是用透明或者有颜色的玻璃压制成块的透明材料，有块状的实心玻璃砖，也有空心盒状的空心玻璃砖。在多数情况下，玻璃砖并不作为饰面材料使用，而是作为结构材料。在室内空间中运用玻璃砖作为隔断，既能起到分隔功能区的作用，还可以增加室内的自然采光，同时又很好地保持了室内空间的完整性，并让空间更有层次，视野更为开阔。

选择玻璃砖最重要的一点是，它拥有良好的透光性，透明的玻璃砖可以将相邻空间里的光线导入。适合光线不足的小空间，如厨房、卫生间、走道、玄关、衣帽间等。玻璃砖另一个受欢迎的特点是能够“透光不透人”。可以通过选择不同的清晰度和透明度，来决定私密程度。除此之外，玻璃砖砌墙的隔声效果也不错，封闭的空间之间可以做到互不干扰。

透明的外形决定了玻璃砖非常百搭，和不同风格搭配起来效果都很好。素净的透明玻璃砖搭配白墙不会出错。如果使用大片玻璃砖墙，再加上田字框架，看上去就像古时候的木框纸窗，气质素雅。

◇ 利用玻璃砖隔断给原本没有自然采光的暗卫增加亮度

◇ 彩色玻璃砖既具有很强的装饰效果，又可以让盥洗台区域的视野更为开阔

玻璃砖在砌墙时可以直接砌，不需要别的材料搭框架，施工相对更为简单。如果玻璃砖的隔断大于15cm，需要在中间加一根钢筋分摊受力。而且选择不同样式的玻璃砖，墙体可以做直也可以做曲，根据需求打造。玻璃砖不能进行切割，安装前要预留整块玻璃砖倍数的尺寸。而且为了避免损坏墙体结构，砌好的玻璃墙不能打孔，常见的空心玻璃砖也明显无法固定悬挂物。

第五节

板材

FURNISHING DESIGN

Point

01 密度板

密度板也称纤维板，是以木质纤维或其他植物纤维为原料，施加脲醛树脂或其他适用的胶粘剂制成的人造板材。按其密度的不同，分为高密度板、中密度板和低密度板。其中低密度板结构松散，故强度低，但吸声性和保温性好，主要用于吊顶部位装饰；中密度板可直接用于制作家具；高密度板不仅可用作装饰，更可取代高档硬木直接加工成复合地板。

◇ 密度板雕花隔断

密度板的表面特别光滑平整，其材质非常细密，边缘特别牢固，性能相对稳定，与此同时，其板材表面的装饰性也特别好。密度板很容易进行涂饰加工，各种涂料、油漆类均可均匀地涂在密度板上，是做油漆效果的首选基材。各种木皮、胶纸薄膜、饰面板、轻金属薄板、三聚氰胺板等材料均可胶贴在密度板表面上。

密度板的缺点是耐潮性特别低，而且与刨花板相比，密度板的握钉力是比较差的。此外，密度板的强度不是特别高，因此很难对密度板进行再固定。

由于密度板是用胶水压制而成的，所以会含有一定的甲醛，但只要甲醛含量不超标，符合国家规定的标准，那也可以选购使用。购买时最好选择胶水含量低或采用环保胶水制成的密度板。密度板因其密度的不同价格差异较大，从 35~400 元 / 张不等，通常密度越高价格越贵。

Point

02 杉木板

杉木板又称杉木集成板、杉木指接板，是利用短小木材通过指榫接长，拼宽合成的大幅面厚板材。它一般采用杉木作为基材，经过高温脱脂干燥、指接、拼板、砂光等工艺制作而成。它克服了有些板材使用大量胶水黏结的工艺特性，用胶量仅为木工板的七成，而且木纹清晰，自然大方，因此是一种非常环保的用材。

杉木板厚实，给人温暖的感觉，因其为实木条直接连接而成，因此比大芯板更环保，更耐潮湿。建议大家做家具时尽可能使用杉木板做柜体。选购时注意木板的厚薄宽度要一致，纹理要清晰。还应注意木板是否平整，是否起翘。要颜色鲜明，若略带红色、色暗无光泽则是朽木。另外，要用手指甲抠不出明显印痕来。杉木板有单面无节，双面无节、有节之分，通常选择单面无节的，其价格适中，并且做出来的柜子美观。

在一些乡村风格的室内装饰中，经常出现杉木板制作的吊顶造型，杉木板吊顶的形状排列可以根据空间的大小和造型来设计，安装好后刷漆时，可选择清漆保留杉木板原有的颜色，也可以用木蜡油擦上与整个空间相协调的颜色。此外，由于杉木板的规格和厚度有很多种，因此可根据实际需要选择不同的厚度，既美观又避免了不必要的浪费。

◇ 北欧风格空间中常见杉木板制作的谷仓门

◇ 选择清漆工艺的杉木板吊顶

◇ 利用杉木板制作的抽拉式储物地台

Point

03 细木工板

细木工板又叫大芯板，是由两片单板中心胶压拼接木板而成，两个表面为胶贴木质单板的实心板材。中心木板是由木板方经烘干后，加工成一定标准的木条，由拼板机拼接而成。拼接后的木板双面各掩盖两层优质单板，再经冷、热压机胶压后制成。

细木工板可分为芯板条不胶拼的和胶拼的两种，按表面加工情况也分为一面砂光和两面砂光。由于其轻质、耐久性好和易加工，并具有刨切薄木表面的特性，以及硬度、尺寸稳定性好等特点。细木工板主要用于制作大衣柜、五屉柜、书柜、酒柜等各种板式家具。由于细木工板的加工工艺和设备不复杂，且细木工板比纤维板和刨花板更接近传统的木工加工工艺，因此广受欢迎。

但细木工板在生产过程中需要使用尿醛胶，因此甲醛释放量较高，环保标准普遍偏低，这也是大部分细木工板都有刺鼻味道的原因。在室内装饰中只能使用 E0 级或者 E1 级的细木工板。使用中要对不能进行饰面处理的细木工板进行净化和封闭处理，特别是在背板、各种柜内板等，可使用甲醛封闭剂、甲醛封闭蜡等。

细木工板的价格为 120~310 元 / 张，具体可根据实际情况来选择。

◇ 细木工板常用来制作衣柜等板式家具

◇ 采用细木工板现场制作的书架

Point

04 欧松板

欧松板是以小径木、间伐材、木芯为原料，通过专用设备加工成为长 40~100mm、宽 5~20 mm、厚 0.3~0.7 mm 的长条刨片。所谓径木就是树木经过砍伐加工后形成的树段，而间伐材是指砍伐木材时不是一次砍伐完毕，而是分数次砍伐。松木就是符合其中特点的一种树木。而欧松板顾名思义，就是采用欧洲的松木经过加工制作形成板材。

欧松板全部采用高级环保胶粘剂，甲醛释放量几乎为零，可以和天然的木材相比，是市场上最高等级的装饰板材，也是真正的绿色环保建材。同时，欧松板本身坚固耐磨，防火防潮、耐高温，其自身质量较轻。目前市场上欧松板的价格约为 180~500 元 / 张。

欧松板的颜色一般都是温润的木色，由于基色来自大自然，所以可以柔和地反射出周围环境的光线。工业风是使用欧松板比较普遍的风格空间，另外自然简洁的现代风格和欧松板的搭配也可以带来意想不到的效果。

欧松板在室内装饰中的大量使用，一般作为橱柜的框架材料，即橱柜的内部全部采用欧松板制作，然后柜门选择实木、钢化玻璃等材料。用欧松板制作的橱柜，通常防潮效果很好，这主要得益于欧松板的板材构造。

◇ 欧松板制作的会议室吊顶

◇ 欧松板材料常用于工业风格的空间

Point

05 木饰面板

木饰面板是将木材切成一定厚度的薄片，黏附于胶合板表面，然后经过热压处理而成的墙面装饰材料。常见的木饰面板分为人造木饰面板和天然木饰面板，人造饰面板纹理通直且图案有规则，而天然木饰面板纹理图案自然、无规则，且变异性比较大。此外，天然木饰面板不仅不易变形，抗冲击性好，而且结构细腻、纹理清晰，因此其装饰效果往往要高于人工木饰面板。

唐守蓉设计

常见的木饰面板有枫木饰面板、橡木饰面板、柚木饰面板、黑檀木饰面板、胡桃木饰面板、樱桃木饰面板、水曲柳木饰面板、沙比利木饰面板等。

◇ 枫木饰面板

◇ 橡木饰面板

◇ 柚木饰面板

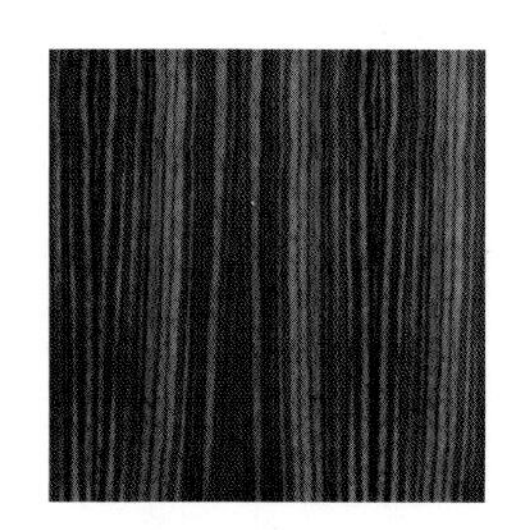
◇ 黑檀木饰面板

◇ 胡桃木饰面板

◇ 樱桃木饰面板

◇ 水曲柳木饰面板

◇ 沙比利木饰面板

木饰面板的运用既能为室内空间增添自然温润的氛围，而且体现出了室内设计内敛含蓄的气质。此外，由于其本身不仅有多种木纹理和颜色，而且还有哑光、半哑光和高光之分，因此，在室内墙面铺贴木饰面板，装饰效果十分丰富。需要注意的是，在铺贴木饰面板时，应提前考虑到室内后期软装饰的颜色、材质等因素，通过综合比较后再进行铺贴。

◇ 红棕色木饰面板常见于表现华丽气质的欧式风格空间

采用木饰面板装饰墙面主要就是取其自然的纹理和淡雅的色彩。但是为了防止变形，首先基层上要用木工板或者九厘板做平整，表面的处理尽量精细，不要有明显钉眼。木饰面板上墙的时候要考虑纹理方向一致，最好是竖向铺贴，一方面刷油漆后不会出现很大的色差，另一方面可以让整个块面看起来纵深感十足。如果是清漆罩面，可以通过加调色剂来改变颜色。也可以采用成品定制木饰面，以避免因在现场刷油漆而造成异味，但是对师傅的施工工艺要求较高，因为裁切和斗角都是一次性成型。

◇ 保持木饰面板纹理方向一致的同时，最好采用竖向铺贴的方式

◇ 木饰面板拼花造型

◇ 木饰面板与镜面、金属等材料形成质感上的碰撞

第六节

地板

FURNISHING
DESIGN

Point

实木地板

实木地板是天然木材经烘干、加工后形成的地面装饰材料，又名原木地板，是实木直接加工成的地板。它呈现出的天然原木纹理和色彩图案，给人自然、柔和、富有亲和力的质感。

实木地板的油漆涂装基本保持了木材的本色韵味，色系较为单纯，大致可分为红色系、褐色系、黄色系，每个色系又分若干个不同色号，几乎可以与所有常见家具装饰面板相配色。

实木地板根据木材种类可分为国产材地板和进口材地板。国产材常用的有桦木、水曲柳、柞木、枫木，进口材常用的有甘巴豆、印茄木、摘亚木、香脂木豆、蚁木、柚木、李叶苏木、二翅豆、四籽木、铁线子等。根据表面有无涂饰，可分为漆饰地板和素板，现在最常见的是 UV 漆漆饰地板；按铺装方式可分为榫接地板、平接地板、镶嵌地板等，现在最常见的是榫接地板。

不同品牌的实木地板价格是不同的，同一品牌，但是不同规格、材质，价格也不一样。特别是原木木材树种对价格影响较大，如橡木地板价格高于桦木地板。

◇ 重蚁木地板

◇ 香脂木豆地板

◇ 柚木地板

◇ 花梨木地板

◇ 橡木地板

◇ 黑胡桃木地板

Point

02 实木复合地板

实木复合地板是由不同树种的板材交错层压而成，一定程度上克服了实木地板湿胀干缩的缺点，具有较好的尺寸稳定性，并保留了实木地板的自然木纹和舒适的脚感。

实木复合地板按面层材料可分为实木拼板作为面层的实木复合地板和单板作为面层的实木复合地板；按结构可分为三层结构实木复合地板和以胶合板为基材的多层实木复合地板；按表面有无涂饰可分为涂饰实木复合地板和未涂饰实木复合地板；按地板漆面工艺可分为表层原木皮实木复合地板和印花实木复合地板。

实木复合地板的纹理多样，色彩也有多重的选择，具体应根据家庭装饰面积的大小而定。例如面积大或采光好的房间，用深色实木复合地板会使房间显得紧凑；面积小的房间，用浅色实木复合地板给人以开阔感，使房间显得明亮。

◇ 满铺实木复合地板给北欧空间带来放松舒适的感觉

◇ 现代风格空间适合选择淡黄色、浅咖色之类的实木复合地板

实木复合地板的表面用的都是高档木材，看起来和高档实木地板一样，稳定性还比实木地板要好，适合有地暖的空间。由于结构独特的关系，实木复合地板对木材的要求没那么高，且能充分利用材料，因此价格比实木地板的要低很多。但又比强化复合地板的价格要高。实木复合地板通常幅面尺寸较大，且可以不加龙骨而直接安装，从而使安装更加快捷，大大降低了安装成本和安装时间。

Point

03 强化复合地板

强化复合地板主要是由耐磨层、装饰层和高密度的基材层、平衡防潮层所组成的地板类型。和传统的木地板相比较，强化木地板的表面一层是由较好的耐磨层组成的，所以具有较好的耐磨、抗压和抗冲击力、防火阻燃、抗化学物品污染的性能等。强化木地板的装饰层是由电脑模仿的，可以制作出各种类型的木材花纹，甚至还可以模仿出自然界所没有的独特的图案。此外，强化木地板的安装也是较为简单的，因为它的四周设有榫槽，因此在进行安装时，只需要将榫槽契合就可以了。

强化复合地板虽然有防潮层，但不宜用于浴室等潮湿的空间，为了追求装饰效果更加精美，以及设计的多样性，会将空间地面设计成拼花的样式。强化复合地板具有多种的拼花样式，可以满足多种设计要求。如常见的 V 字形拼花木地板、方形的拼花木地板等。

种类	图片	特点	参考价格（每平方米）
平面强化复合地板		最常见的强化复合地板，即表面平整无凹凸，有多种的纹理可以选择	55~130 元
浮雕强化复合地板		地板的纹理清晰，凹凸质感强烈，与实木地板相比，纹理更具规律性	80~180 元
拼花强化复合地板		有多种的拼花样式，装饰效果精美，抗刮划性很高	120~130 元
布纹强化复合地板		地板的纹理像布艺纹理一样，是一种新兴的地板，具有较高的观赏性	80~165 元

Point

04 软木地板

软木地板是用软木颗粒和弹性胶粘剂，利用特殊工艺和设备加工的一种地面铺装材料，一般有 3.2mm 到 4mm 的厚度。严格地讲，软木不是木材，是橡树的树皮。软木中主要的成分软木纤维由多面体形状的死细胞组成，细胞之间的空间则充满几乎与空气一样的混合气体。

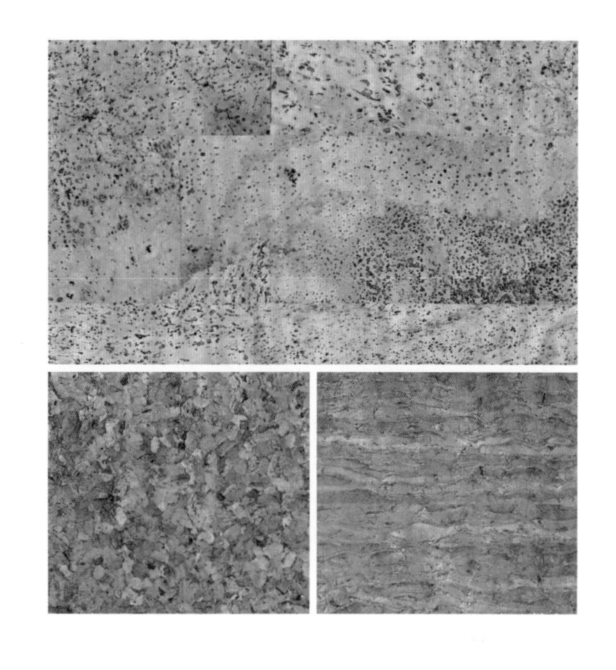

软木地板与实木地板相比更具环保性，隔声、防潮效果也更好一些， 可以带给人极佳的脚感。对老人和小孩的意外摔倒，有缓冲作用。另外，如需搬家，可以完整剥除软木地板，做到循环利用。但因原材料的关系，软木地板的耐磨度远远比不上强化复合地板以及实木类地板。

◇ 粘贴式软木地板

◇ 锁扣式软木地板

软木地板按铺装方式可分为粘贴式软木地板和锁扣式软木地板两种。

粘贴式软木地板一般分为三层结构，最上面一层是耐磨水性涂层；中间是纯手工打磨的珍稀软木面层；最下面是工程学软木基层。

锁扣式软木地板一般分为六层，最上面第一层是耐磨水性涂层；第二层是纯手工打磨软木面层；第三层是一级人体工程学软木基层；第四层是 7mm 厚的高密度密度板；第五层是锁扣拼接系统；最下面第六层是二级环境工程学软木基层。

Point

05 竹木地板

竹木地板是以天然优质竹子为原料，经过二十几道工序，脱去竹子原浆汁，经高温高压拼压，再经过多层油漆，最后红外线烘干而成。因其具有竹子的天然纹理，给人一种回归自然、高雅脱俗的感觉，十分适用于禅意家居和日式家居中。

按照色彩划分，竹材地板可分为两种，一是自然色，色差比木质地板小，具有丰富的竹纹，而且色彩匀称；自然色中又可分为本色和碳化色，本色以清漆处理表面，采用竹子最基本的色彩，亮丽明快；碳化色平和高雅，其实是竹子经过烘焙制成的，在凝重沉稳中依然可见清晰的竹纹。二是人工上漆色，漆料可调配成各种色彩，不过竹纹已经不太明显。

竹木地板的价格差异较大，300~1200 元 /m^2 的皆有；部分花色如菱形图案，是将条纹以倾斜角度呈现，会产生较多的损料，因此价格昂贵，约 1200 元 /m^2。加工程度越深，各方面性能越好，竹地板价格越高。比如碳化竹地板价格高于本色竹地板。

种类	图片	特点	参考价格（每平方米）
平压实竹地板		采用平压的施工工艺，使竹木地板更加坚固、耐划	150~280 元
侧压实竹地板		采用侧压的施工工艺，这类地板的好处在于接缝处更加牢固，不容易出现大的缝隙	130~250 元
实竹中横板		属于竹木地板的一种，其内部构造工艺比较复杂，但不易变形，整体的平整度较高	80~200 元
竹木复合地板		表面一层为竹木，下面则为复合板压制而成	75~160 元

Point

06 亚麻地板

亚麻地板源于 100 多年前的古老配方和物理加工工艺，是由亚麻籽油、软木、石灰石、木粉、松香、天然树脂等六种天然原材料经物理方法加工而成的，是一种特殊的地面装饰材料，与大理石、瓷砖相比更具有弹性，属于弹性地材中的一种。天然环保是亚麻地板最突出的特点，产品生产过程中不添加任何增塑剂、稳定剂等化学添加剂，并且具有良好的耐烟蒂性能。亚麻地板很薄，热能在传递过程中损耗小，能高效发挥地面的供暖效果。亚麻地板受热不会变形、老化，更不会因原料原因释放有毒有害气体，特别适合用作地暖系统的表面地材饰面。

◇ 亚麻地板适用于儿童房空间的地面

亚麻地板以卷材为主，是单一的同质透心结构，花纹和色彩由表及里纵贯如一。其施工价格主要包含以下几部分：面材、胶水、2~5mm 厚自流平基层处理、人工费，其中面材为最重要部分。目前市场上亚麻地板价格和质量参差不齐，一般约为 100~400 元 /m^2，而价格与品牌、总厚度、耐磨层厚度等因素都有很大关系，应根据亚麻地板在不同空间使用的分级标准，选用适合的产品。

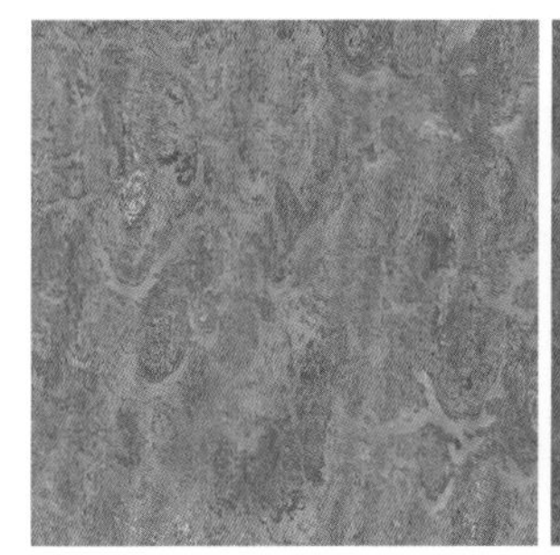

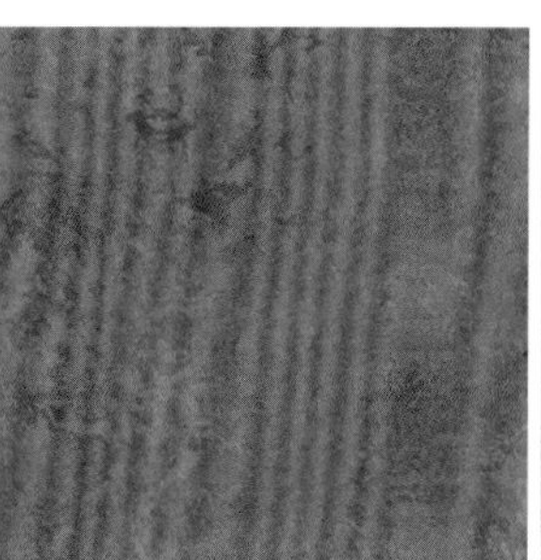

◇ 亚麻地板花色类型

第七节

软包

FURNISHING DESIGN

Point

01 布艺软包

软包是内层填充海绵，然后外面用布包好，其质感比较柔软。在墙面使用布艺软包装饰，不仅能柔化室内空间的线条，营造温馨的格调，还能增添空间的舒适感。各种质地的柔软布料，既能降低室内的噪声，又能使人获得舒适的感觉。

在室内设计中，软包的运用非常广泛，对区域的限定也较小，如卧室床头背景墙、客厅沙发背景墙以及电视背景墙等。软包可以是跳跃的亮色，也可以是中性沉稳色，可以是方块铺设，也可是菱形铺设。此外，还可以在软包的四周设计线条，让墙面空间更富有层次美感。

在设计布艺软包背景墙时，在做木工的阶段就要在墙面上用木工板或九厘板打好基础，等硬装结束，墙纸贴好后再安装软包。此外，在设计的时候除要考虑软包本身的厚度和墙面打底的厚度外，还要考虑到相邻材质间的收口。由于软包在施工完成后清洁起来比较麻烦，因此必须选择耐脏、防尘性良好的软包材料。此外，对软包面料及填塞材质的环保标准，也需要进行严格的把关。

◇ 布艺软包质地柔软，给人以温馨的视觉感受

◇ 布艺软包与镜面组成的装饰背景，两者形成质感上的碰撞

Point

02 皮革软包

皮质软包一般运用在床头背景墙居多，其面料可分为仿皮和真皮两种。

在选择仿皮面料时，最好挑选哑光且质地柔软的类型，太过坚硬的仿皮面料容易产生裂纹或者脱皮的现象。除了仿皮之外还可以选择真皮面料作为软包饰面，真皮软包有保暖结实、使用寿命长等优点。常见的真皮皮料按照品质高低划分有黄牛皮、水牛皮、猪皮、羊皮等几种。需要注意的是，真皮有一定的收缩性，因此在作软包墙面的时候需要做二次处理。

◇ 仿皮面料的软包床头背景墙是表现轻奢气质非常重要的装饰元素之一

◇ 皮质软包背景墙适合营造空间的高级感和温馨感

Point

03 硬包

硬包是指把基层的木工板或高密度纤维板制成所需的造型，再用布艺进行包裹的墙面装饰材料。硬包跟软包的区别就是里面填充材料的厚度，硬包的填充物较少，在墙面上的立体感会更强。此外，硬包还具有超强耐磨、保养方便、防水、隔声、绿色环保等特点。

常见的硬包材质主要有真皮、海绵、绒布等，其中绒布材质因其具有方便清洁、价格低、易更换等优点，使用较为广泛。硬包的颜色最好能与空间里的其他软装形成呼应，比如沙发、靠包、窗帘等，以营造出协调统一的装饰效果。此外，还可以选择带有一定花纹图案和纹理质感的硬包，使墙面装饰因远近而产生明暗不同的变化，不仅可以在视觉上增大空间，而且还能丰富室内的装饰效果。

◇ 两种色彩的布艺硬包构成前后关系，增加床头背景的立体感

◇ 床头两边的硬包分别加入铆钉的装饰，形成一种对称的美感

◇ 中式水墨山水图案的硬包背景显得意境悠远

皮雕艺术起源于文艺复兴时期的欧洲，是以皮革为材料的一种雕刻工艺。由于其雕刻精美，工艺细致，因此在欧洲中世纪一度成为王公贵族身份和名望的象征。

室内墙面搭配皮雕硬包作为装饰，不仅可以加强空间的立体层次感，还能为室内营造独特的艺术气息。制作皮雕硬包时，皮质的选用相当重要。可以选用质地细密坚韧、不易变形的天然皮革进行制作。一般而言，牛皮具有细致的纹理和毛细孔，其柔软及强韧的特性，是皮雕材质的最佳选择之一，具有环保无污染等特点。

皮雕硬包一般是模具压制出来的，不可以根据尺寸定制，所以其价格一般按照块数进行计算，搭配使用的边条则是按照平方数计算。

◇ 皮雕硬包背景

◇ 刺绣工艺使得平面的硬包背景墙显得立体感十足

刺绣的针法丰富多彩，各有特色，常见的有齐针、套针、扎针、长短针、打子针、平金、戳沙等。近年来，随着人们对传统文化的重视程度越来越高，在室内设计中刺绣也被更加频繁和广泛的运用。比如将精美的刺绣硬包装饰到墙面上，让室内空间彰显出细腻雅致的文化气息。刺绣硬包在通俗意义上是指利用现代科技和加工工艺，将刺绣工艺结合到硬包产品中，使之成为硬包面料的层面装饰。

◇ 花鸟图案的刺绣硬包背景是中式空间常见的装饰背景

采用硬包作为墙面装饰时，要考虑到相邻材质间的收口问题。收口材料可以根据不同的风格以及自身的喜好进行选择，常见的有石材、不锈钢、画框线、木饰面、挂镜线、木线条等。

线条

Point

01 木线条

木线条是选用质硬、耐磨、耐腐蚀、切面光滑、黏结性好、握钉力强的木材，经过干燥处理后，用机械加工或手工加工而成的室内装饰材料。常用的木材有白木、栓木、枫木和橡木等。可用作各种门套的收口，天花角线、墙面装饰造型线条等。木线条按材质可分为密度板线条、贴木皮复合线条、实木线条等。

木线条上的棱角和棱边、弧面和弧线，既挺直又轮廓分明。此外，还可以将木线条漆成彩色以及保持木纹本色，或进行对接拼接，弯曲成各种弧度。不仅极大地提升了墙面的装饰效果，还间接为背景进行了完美的收口。

如果想在新中式风格的顶面空间设计多层吊顶，可以利用木线条作为收边，并在顶面设置暗藏灯光装饰，这样的设计能在视觉上加强顶面空间的层次感。如吊顶面积较大，还可以在吊顶中央的平顶部位安装木线条，不仅有良好的装饰效果，而且能避免因顶面空间大面积的空白而带来的空洞感。

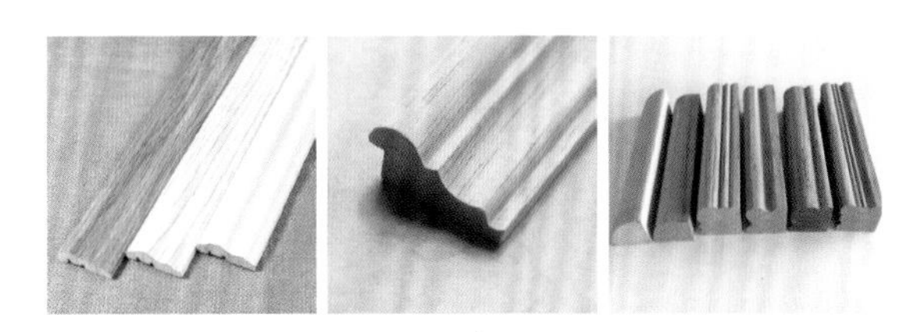

◇ 木线条装饰框

◇ 用简洁的木线条勾勒造型是新中式风格吊顶常用的设计手法

如果使用木线条装饰墙面，可进行局部或整体设计，可以搭配的造型也十分丰富，如做成装饰框或按序密排。在墙上安装木线条时，可使用钉装法与粘合法。施工时应注意设计图样制作尺寸正确无误，弹线清晰，以保证安装位置的准确性。

对于木线条的固定方法最好就是用胶粘固定，以增强其牢固性，如果用钉接则最好用射钉枪，安装要精准，还要注意保持美观，不能有太多钉眼，或者是钉在木条凹槽、背视线面一侧。

◇ 刷白的木线条造型打破大面积白色的单调感，给床头背景制造变化

◇ 木线条密排造型

◇ 利用木线条作为墙面上两种材质交接处的收口材质

Point

02 石膏线条

石膏线条是指将建筑石膏料浆浇注在底模带有花纹的模框中，经抹平、凝固、脱模、干燥等工序，加工而成的装饰线条。石膏线条的特点除了色彩呈白色外，还有一个明显的优势就是它的石膏表面非常的光滑细腻，因为它本身的物理特性具有微膨胀性，所以在使用过程中不会造成裂纹；还因为石膏材质的内部充满了大大小小的空隙，所以保温及绝热性能非常优秀。石膏线条生产工艺很简单，表面可以设计出各种美观的花纹，可做顶面角线、腰线、各类柱式或者墙壁的装饰线条，常用于欧式风格的装饰空间。

一般来说，石膏线条的规格分宽、窄等几个规格。宽规格的石膏线条的厚度通常为 150mm、130mm、110mm、100mm 等，长度有 2.5m、3m、4m、5m 不等。窄规格的石膏线条通常为 40mm、50mm、60mm 等多种厚度，长度一般为 2.5~3m。宽石膏线条主要用于吊顶四周边面的装饰，窄石膏线条主要与宽石膏装饰线条配合装饰使用。目前市场上常见的石膏线条主要有纤维石膏线，纸面石膏线，石膏空心条板，装饰石膏线等种类。

一般石膏线条是在水电完成之后、墙面刮腻子之前进行安装粘贴。因为石膏线条的固定一般都是以粘粉、粘接为主，其他固定为辅，对于基层的要求比较高。

◇ 背景墙上的石膏线条装饰框让墙面更加立体

◇ 石膏线条通常作为顶角线应用于层高较低的室内空间

◇ 顶面的石膏线条造型实现现代与简欧元素的融合，显得温馨而雅致

Point

03 PU 线条

PU 线条是指用 PU 合成原料制作的线条，其硬度较高且具有一定的韧性，不易碎裂。相比于 PVC 线条，PU 线条的表面花纹可随模具的精细度做到非常精致、细腻，还具有很强的立体效果。PU 线条一般以白色为基础色，在白色基础上可随意搭配色彩，也可做贴金、描金、水洗白、彩妆、仿古银、仿古铜等特殊效果。

传统的石膏线条，本身的图案较为单一，不适合用于复杂的造型。而 PU 线条可选择各种漂亮的花纹图案，可呈现出更好的装饰效果。此外，PU 线条重量轻，固定可以采用很多种方法，施工很简单，而且有专用的转角，接缝可以完美匹配。

除了代替石膏线条用作吊顶装饰之外，用 PU 线条装饰框作为墙面装饰是较为常用的手法。框架的大小可以根据墙面的尺寸按比例均分。线条装饰框的款式有很多种，造型纷繁的复杂款式可以提升整个空间的奢华感，简约造型的线条框则可以让空间显得更为简单大方。注意类似这样的线条造型，需在水电施工前设计好精确尺寸，以免后期面板位置与线条发生冲突。

◇ PU 线条墙面装饰框

◇ PU 线条的花纹图案更具装饰效果

Point

04 金属线条

一般的室内墙面装饰线条多以石膏线条、木质线条等常见的装饰线条为主，而随着轻奢风的流行，如今金属线条装饰已逐渐成为新的主流。

金属线条主要包括铝合金和不锈钢两种，铝合金线条比较轻，耐腐蚀也耐磨，表面还可以涂上一层坚固透明的电泳漆膜，涂后更加美观。不锈钢线条表面光洁如镜，相对于铝合金线条具有更强的现代感。

将金属线条镶嵌墙面上，不仅能衬托空间中强烈的空间层次感，在视觉上同样营造出极强的艺术张力，同时还可以突出墙面的线条感，增加墙面的立体效果。金属线条颜色种类很多，如果是轻奢风格空间，对于金属线条的选择，最好采用玫瑰金或者金铜色。此外，金属线条在新中式空间出现的频率很高。在硬装中，金属线条多应用在吊顶、墙面装饰等，与吊顶搭配，可增加品质感；与墙面搭配，可增加层次感。在软装中，金属线条小到装饰品，大到柜体定制都可以应用。

◇ 不锈钢线条

◇ 轻奢风格空间适合采用玫瑰金色的金属线条

◇ 现代风格空间经常利用金属线条作为墙面造型的收口材质

全案设计基础

软装全案设计师必备

PART

2

第二章 室内装饰功能尺寸

- F U R N I S H I N G -

- DESIGN -

在室内装饰中，功能尺寸一直是很重要的参数，它体现了现代装饰的精准性，也是设计人员必备的常识。数据与尺寸不仅影响着日常家居生活的习惯，更影响空间美感与舒适性，甚至是安全性。经验丰富与初入行的设计师的比较，很大程度上在于对数据尺寸的掌握与灵活运用的差异。

第一节

室内功能尺寸规划基础

FURNISHING
DESIGN

Point

01 成年人体尺寸数据

人体尺寸数据是学习室内设计和全屋整体定制最基本的数据之一。它以人体构造的基本尺寸——主要是指人体的静态尺寸。如以身高、坐高、肩宽、臀宽、手臂长度等为依据，确定人在生活、生产和活动中所处的各种环境的舒适范围和安全限度。它也因国家、地域、民族、生活习惯等不同而存在较大的差异。

国内成年人体尺寸数据表

项　目	成年男子人体尺寸（mm）			成年女子人体尺寸（mm）		
	小个子身材	中等个子身材	大个子身材	小个子身材	中等个子身材	大个子身材
身高	1583	1678	1775	1483	1570	1659
立姿从脚到眼部的高度	1464	1564	1667	1356	1450	1548
立姿从脚到肩膀的高度	1330	1406	1483	1213	1302	1383
立姿从脚到肘部的高度	973	1043	1115	908	967	1026
肩膀的宽度	385	409	409	342	388	388
站姿臀部的宽度	313	340	372	314	343	380
立姿向上举高的指尖高度	1970	2120	2270	1840	1970	2100
坐姿从臀部到头部的高度	858	908	958	809	855	901
坐姿从臀部到眼部的高度	737	793	846	686	740	791
坐姿从脚到膝部的高度	467	508	549	456	485	514
坐姿从脚后跟到臀部的高度	421	457	494	401	433	469
坐姿两肘之间的宽度	371	422	498	348	404	478

Point

02 人体基本动态尺寸

人在进行各项活动时都需要有足够的活动空间，这些活动包括行走、坐、卧、立等，有些活动还会是一个位置上的几种姿势，这些人体活动的数据构成了动态尺寸。

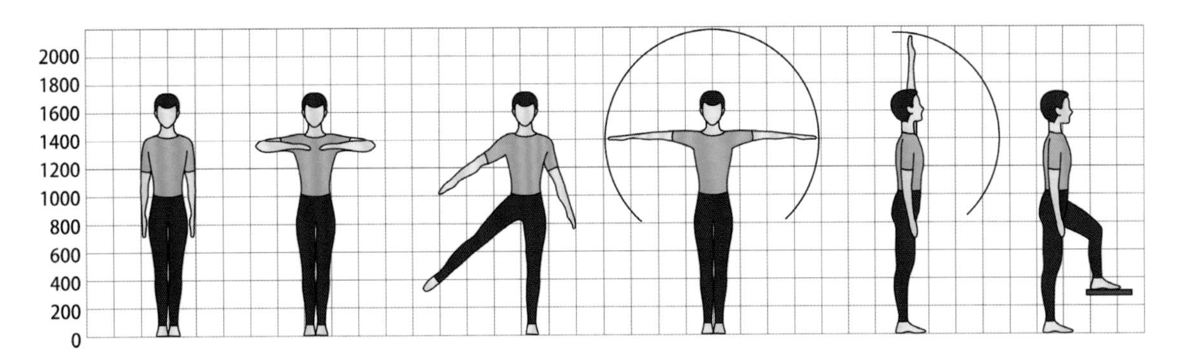

◇ 人体站姿、伸展以及上楼等动作

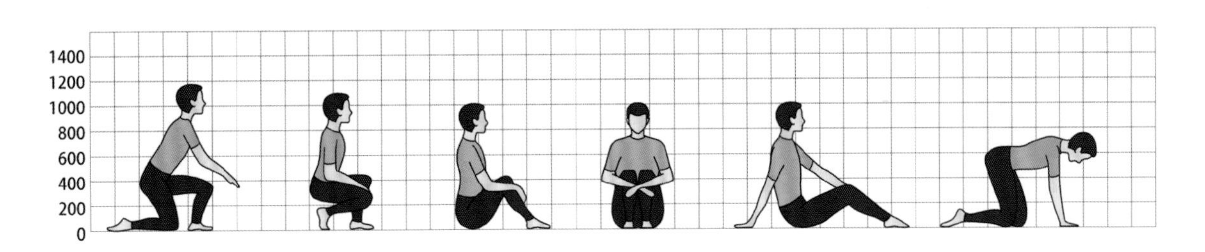

◇ 人体蹲姿、坐姿等动作

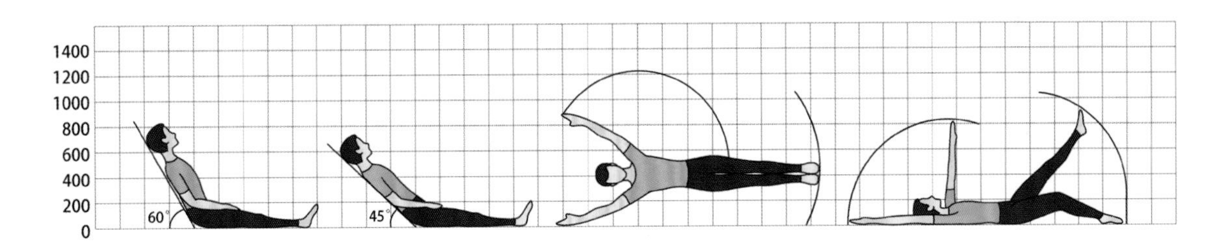

◇ 人体躺姿、睡姿等动作

家居活动空间指的是人在做一系列动作时所必需的空间。在家具周围进行一系列动作时，就需要一些空间。如果只依照“家具本身是否能放进这块地方”来做判断，房间内就会没有通行的空间。例如拉开餐椅，后面的空间可否供人通行；书柜和家具距离太近，人难以开启柜门寻找东西；衣柜摆放在床边，而且距离十分近，首先衣柜的门无法完全打开，而且下床的人会不小心碰到衣柜；又或者是大门后设置鞋柜，鞋柜太大，导致大门无法完全开启，而且大门挡着鞋柜门的开启，这些就是没有计算好活动的结果。其中床边的空间最容易被忽视，不仅开关窗需要一定的空间，窗帘较为厚重时，收起时造成的褶皱也会占到宽度在 20cm 左右的空间，放置家具时，需要为其留出余地。

实际生活中，一些大家具虽然占满了空间，但不会影响到人的出入动线，一些小家具虽然小，但却影响了动线，让人出入十分不便。如：在进入厨房的必经处放置餐桌，在走廊前设置柜子等。

普通的抽屉在打开时，需要留出 90cm 的空间；沙发与茶几之间的距离以 30cm 为宜。过道至少要留出 50cm 宽的空间。考虑到端着盘子或是抱着换洗衣物的情况，最好要留出宽度 90cm 左右的空间通过。

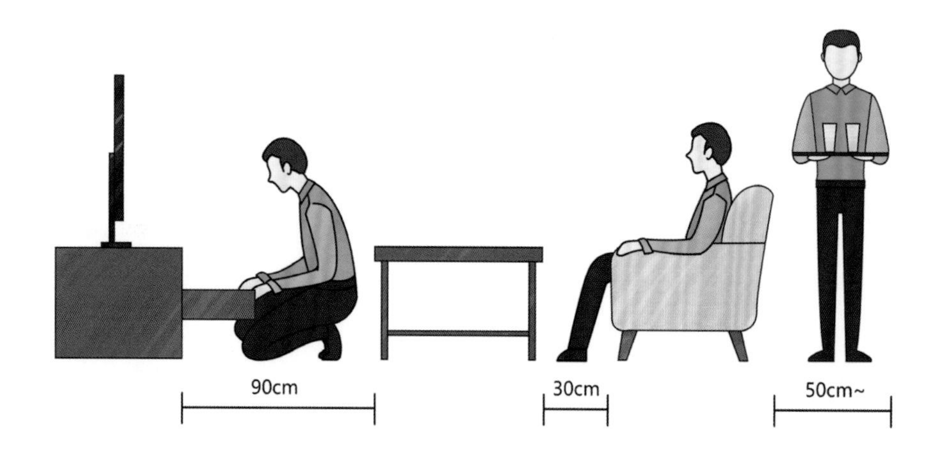

Point

03 室内动线规划

居住者在室内因为不同目的移动而产生的位移点，连在一起就形成了不同的动线。大的动线是居住者进出各功能区所经过的路线，小的动线是居住者使用各个功能区的路线。在日常家居生活中，家具的摆放、房屋之间的打通与隔开，都会形成不同的动线。简单地说，家居动线就是居住者在家里为了完成一系列动作而走的路线。

通常根据生活习惯和家居行动规律将住宅动线分为家务动线、私密动线和访客动线，这三条线便是组成家居生活中的常用线路。原则上这三条线路不能交叉，否则会使得功能区域混乱，动静不分。

在生活中，房间的舒适程度与人能否方便活动直接相关。例如做饭时在厨房到餐厅之间走动、晾衣服时在卫浴间和阳台之间走动，为更有效率地进行这些活动，需要制定活动路线，让人能最方便地到达想去的房间内的每个地方。空间大小，包括平面面积和空间高度，空间相互之间的位置关系和高度关系，以及家庭成员的身心状况、活动需求、习惯嗜好等都是动线设计时应考虑的基本因素。

如人在室内行走时，横向侧身行需要 45cm 的空间，正面行走则需 60cm，两人错行，其中一人横向侧身时共需 90cm，两人正面对行时则需 120cm。如果在两个矮家具之间走动的时候，上身可以自由转动，只需留出 50cm 以上的宽度空间就可以；如果是一侧有墙或是高家具的话，过道则最窄不可低于 60cm。

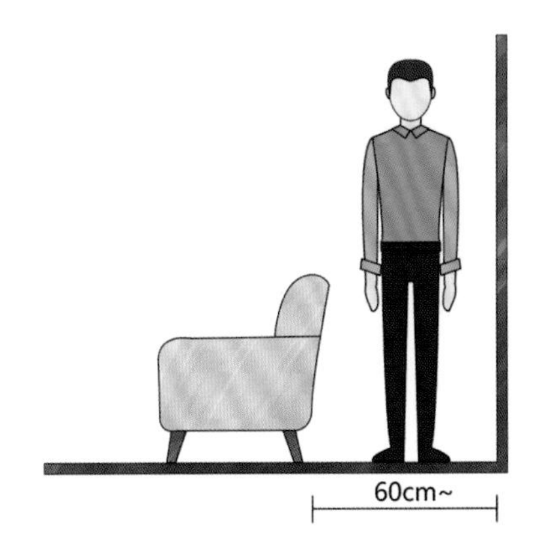

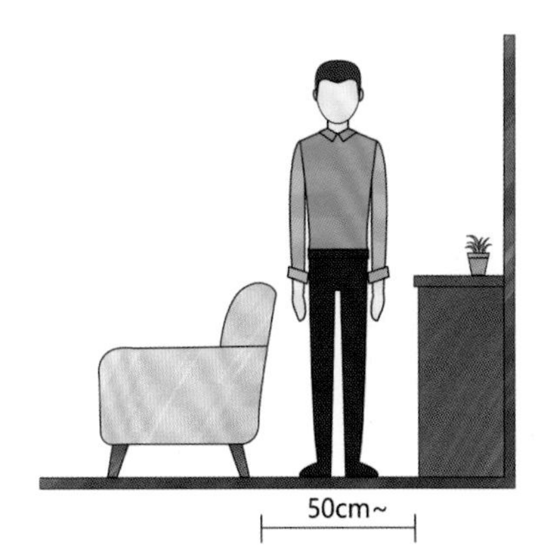

第二节

室内空间功能尺寸数据

FURNISHING DESIGN

Point

01 玄关空间功能尺寸

玄关一般呈正方形或长方形状，能同时容纳 2~3 人，其整体面积需根据室内面积以及房型设计来决定尺寸大小，大约在 3~5m^2 左右。一个成人肩宽约为 55cm，且在玄关处经常会有蹲下拿取鞋子的动作，因此玄关宽度至少保留 60cm，此时若再将鞋柜的基本深度列入考虑范围，以此推算玄关宽度最少需 95cm，如此不论站立还是蹲下才会舒适。玄关是否设计吊顶，取决于整体的装饰风格以及室内的高度来确定。如需设计吊顶，其离地高度不能低于 2.2m，一般在 2.3~2.76m。如果吊顶太低，容易给玄关空间带来压抑、沉闷的感觉。

狭长形玄关常受限于宽度，为了保持开门及出入口顺畅，鞋柜与大门平行配置为佳，但此配置方式需注意玄关深度有 120~150cm。若玄关宽度够大，鞋柜可置于大门后侧，但要注意小空间中，鞋柜和大门门扇无法同时打开，一定会相互干扰，同时也要避免大门打开时撞到鞋柜，必须加装门档，门档长度大约 5cm，那么大门与鞋柜的间距还要加上 5~7cm 的距离，因此大门离侧墙至少需有 40cm。

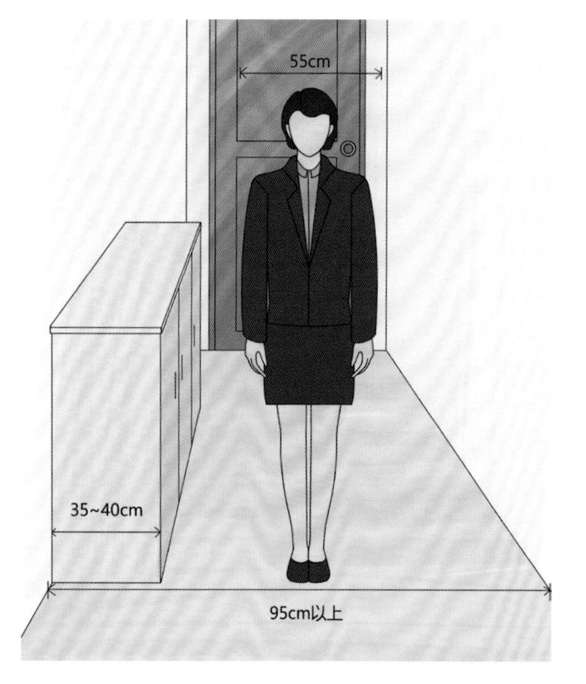

◇ 玄关空间功能尺寸

◇ 鞋柜与大门平行的尺寸

玄关的鞋柜最好不要做成顶天立地的款式，做个上下断层的造型会比较实用，将单鞋、长靴、包包和零星小物件等分门别类地放置，同时可以有放置工艺品的隔层，用以陈设一些小物件，如镜框、花器等。这样的布置会提升美感，也会让玄关区变得生动起来。可以将鞋柜设计为悬空的形式，不仅视觉上会比较轻巧，而且悬空部分可以摆放临时更换的鞋子，使得地面比较整洁，悬空部分的高度一般定在 15~20cm 左右。

通常不到顶的鞋柜正常高度为 85~90cm；到顶的为了避免过于单调分上下柜安置，下柜高度同样是 85~90cm，中间镂空 35cm，剩下是上柜的高度尺寸，鞋柜深度根据中国人正常鞋码的尺寸不小于 35cm。

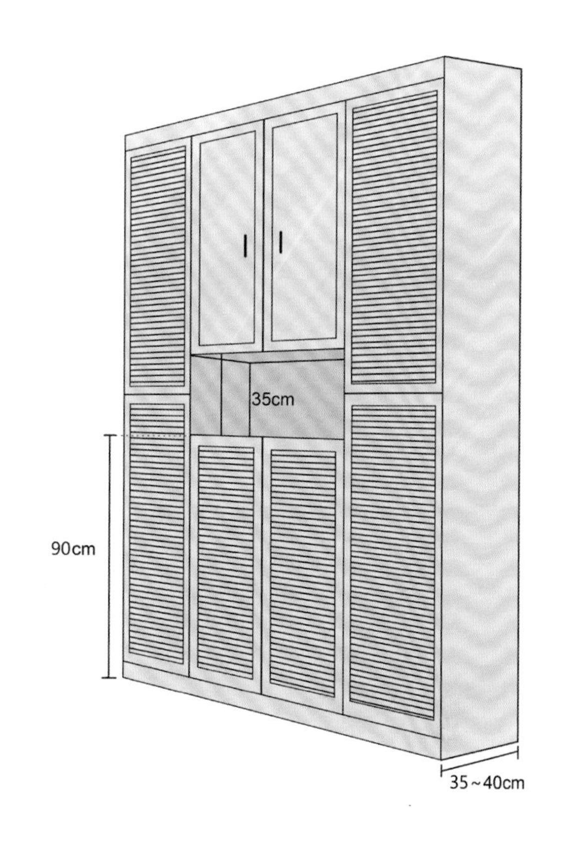

◇ 玄关鞋柜的常规尺寸

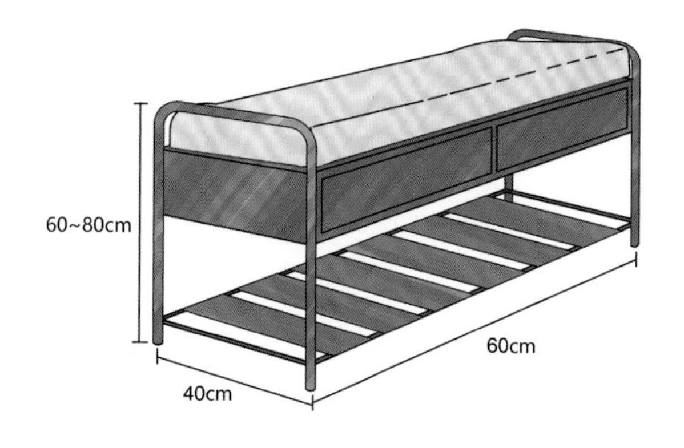

◇ 玄关换鞋凳的常规尺寸

换鞋凳的长度和宽度相对来说没有太多的限制，可以随意一些，一般的尺寸为 40cm × 60cm 较为常见，也有 50cm × 50cm 的小方凳或者 50cm × 100cm 的长方形换鞋凳。通常 60~80cm 的高度最为舒适。使用者的身高不一致，所呈坐姿的舒适度也不太一样。如果身高过高或是过矮的话，可以考虑定做凳子，如果觉得大众化的高度坐着也很舒服，购买成品换鞋凳比较方便。当然有一种特殊的情况就是家庭中有小孩，这时可以考虑孩子的身高，在凳的设计上做两个高低凳台面，一个供大人坐着使用，另一个低的凳面可以专用于孩子的换鞋。

Point

02 客厅空间功能尺寸

通常沙发会依着客厅主墙而立，所以在挑选沙发时，就可依照这面墙的长度来选择尺寸。一般主墙面的长度在 400~500cm 时，沙发长度最好不要小于 300cm。沙发的长度应该占据墙面的 1/3~2/3，这样的整体空间比例最舒服。如果客厅空间过小，可以只摆入一张一字形主沙发，那么沙发两旁最好能各留出 50cm 的宽度来摆放边桌或边柜，以免形成压迫感。

◇ 沙发摆设尺寸

如果沙发背向落地窗，两者之间需留出60cm宽的走道，以方便行走。

人坐在沙发上观看电视的高度取决于座椅的高度与人的身高，通常电视机中心点在离地 80cm 左右的高度最适宜。沙发与电视机的距离则依电视机屏幕尺寸而定，也就是用电视机屏幕的英寸数乘 2.54 得到电视机对角线长度，此数值的 3~5 倍就是所需观看距离。例如 40 英寸电视机，对角线长为 40 英寸 ×2.54=101.6cm 时，其最佳观看距离为 101.6×4=406.4cm。

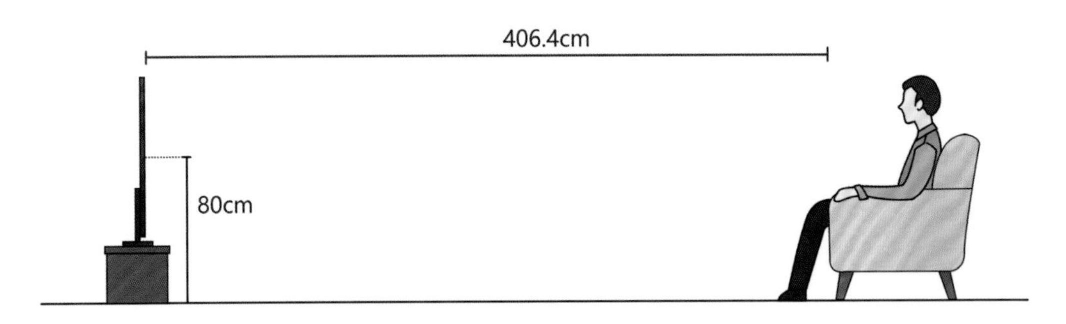

◇ 人坐在沙发上观看电视的最佳距离

一般来说沙发类的室内家具标准尺寸数据并不是一成不变的，根据沙发的风格不同，所设计出来的沙发尺寸略有差异。室内家具标准尺寸最主要的依据是人体尺度，如人体站姿时伸手的最大活动范围，坐姿时的小腿高度和大腿的长度及上身的活动范围，睡姿时的人体宽度、长度及翻身的范围等都与家具尺寸有着密切的关系。

沙发的尺寸也是根据人体工程学确定的。通常单人沙发尺寸宽度 80~95cm，双人沙发宽度尺寸 160~180cm，三人沙发宽度尺寸 210~240cm。深度一般都在 90cm 左右。沙发的座高应该与膝盖弯曲后的高度相符，才能让人感觉舒适，通常沙发座高应保持在 35~42cm。

◇ 高背沙发

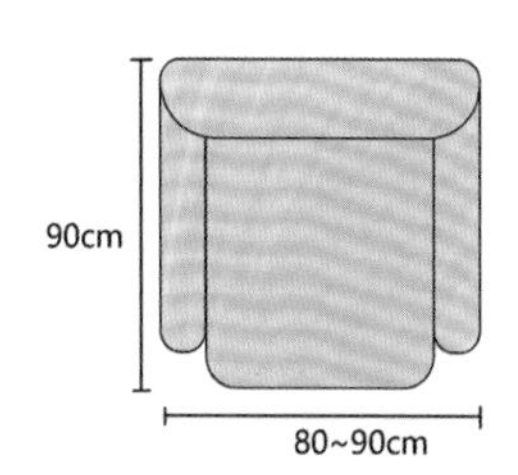

◇ 单人沙发尺寸

◇ 普通沙发

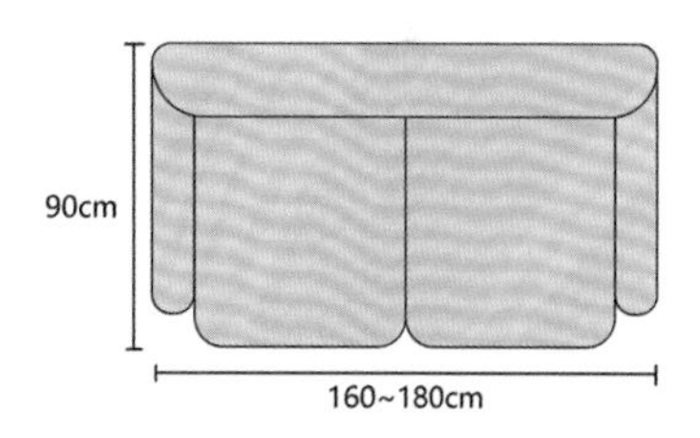

◇ 双人沙发尺寸

◇ 低背沙发

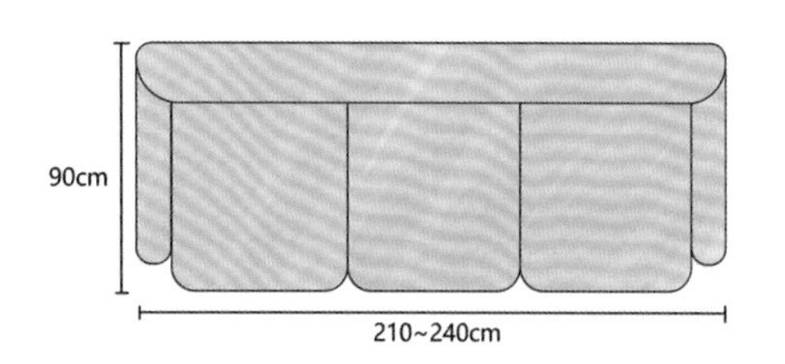

◇ 三人沙发尺寸

电视柜的尺寸要根据电视机的大小来决定。一般电视柜的长度要比电视机的宽度至少要长三分之二，这样才可以营造一种比较合适的视觉感，让人看电视时可以把注意力集中到电视机上面。通常电视柜的深度为 45~60cm，高度为 60~70cm。电视大小与对应的电视柜尺寸选择可以参与以下数据：26 英寸的电视机对应的电视柜长度约 80cm，32 英寸的电视机对应的电视柜长度约 120cm，37 英寸的电视机对应的电视柜长度约 150cm，46 英寸的电视机对应的电视柜长度约 230cm，50 英寸的电视机对应的电视柜长度约 190cm。

茶几高度大多是 30~50cm，选择时要与沙发配套设置。茶几的长度为沙发的七分之五到四分之三，这样才符合黄金比例。茶几摆设时要注意动线顺畅，与电视墙之间要留出 75~120cm 的走道宽度，与主沙发之间要保留 35~45cm 的距离，而 45cm 的距离是最为舒适的。

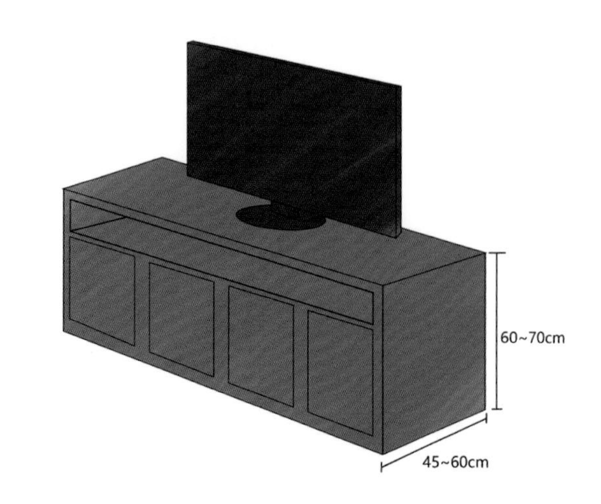

◇ 电视柜的常规尺寸

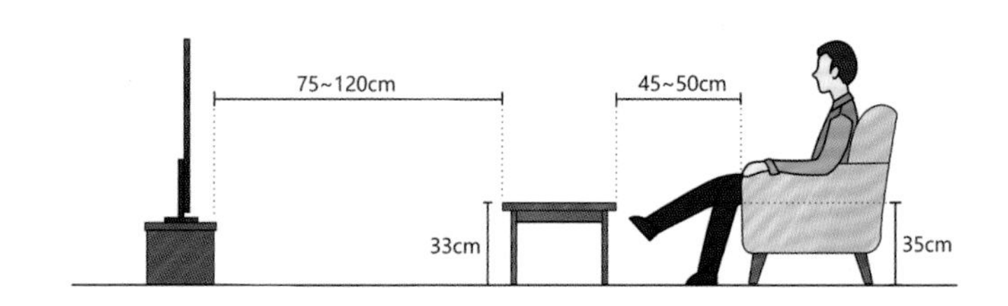

◇ 座位低而舒适的休闲沙发，与茶几之间需要留出腿能伸出的空间

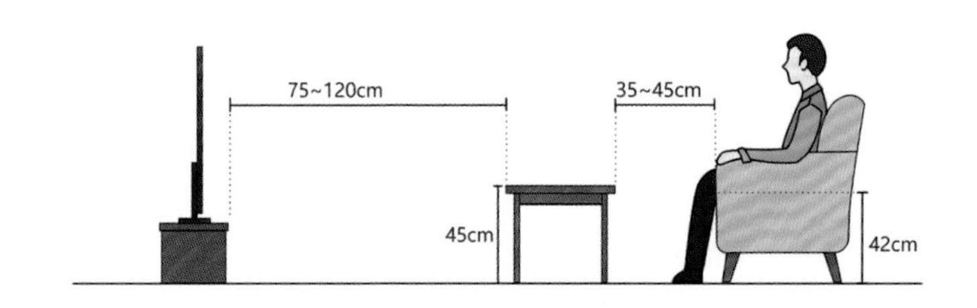

◇ 座位高的沙发让人坐得更加规矩，与茶几之间的距离可以相应缩小，方便拿取物品

Point

03 餐厅空间功能尺寸

为了搭配格局，餐桌的形状发展出正方形、长方形和圆形。正方形桌面的单边尺寸有75~120cm不等。长方形桌面尺寸则是四人座120cm×75cm，六人座约140cm×80cm。如果不是扶手椅，餐椅可伸入桌底，即便是很小的角落，也可以放一张六座位的餐桌，用餐时，只需把餐桌拉出一些就可以了。注意餐桌宽度不宜小于70cm，否则，对坐时会因餐桌太窄而互相碰脚。

圆桌可以方便用餐者互相对话，人多时可以轻松挪出位置，同时在中国传统文化中具有圆满和谐的美好寓意。圆桌大小可依人数多少来挑选，适用两人座的直径为50~70cm，四人座的为85~100cm。如果用直径90cm以上的餐桌，虽可坐多人，但不宜摆放过多的固定椅子。

◇ 方形餐桌

◇ 圆形餐桌

◇ 正方形餐桌

餐桌与餐厅的空间比例一定要适中，尺寸、造型主要取决于使用者的需求和喜好，通常餐桌大小不要超过整个餐厅的三分之一是常用的餐厅布置法则。摆设餐桌时，必须注意一个重要的原则：留出人员走动的动线空间。通常餐椅摆放需要 40~50cm，人站起来和坐下时需要距离餐桌 60cm 左右，从坐着的人身后经过，则需要距餐桌 100cm 以上。

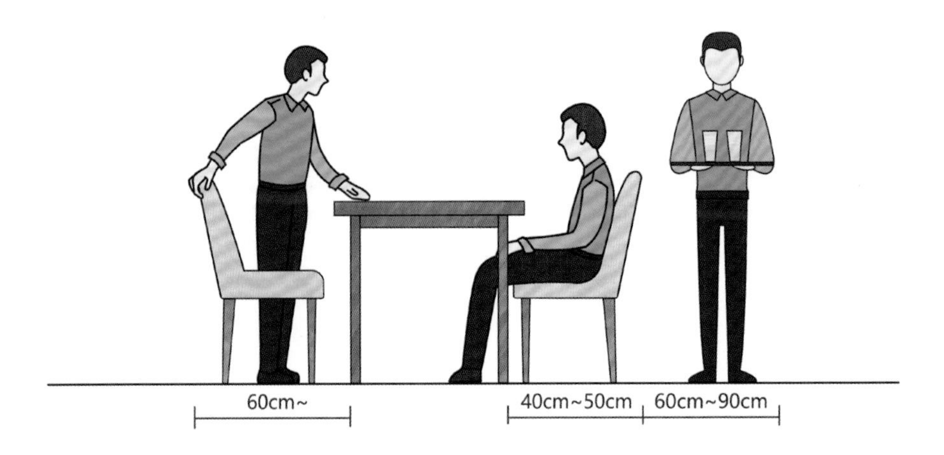

◇ 摆设餐桌应留出的动线空间

无论何种样式，餐桌高度都在 75~80cm。餐椅的坐高一般为 38~43cm，宽度为 40~56cm 不等，椅背高度为 65~100cm 不等。餐桌面与餐椅坐高差一般为 28~32cm，这样的高度差最合适吃饭时的坐姿。另外，每个座位也要预留 5cm 的手肘活动空间，椅子后方要预留至少 10cm 的挪动空间。若想使用扶手餐椅，餐椅宽度再加上扶手则会更宽，所以在安排座位时，两张餐椅之间约需 85cm 的宽度，因此餐桌长度也需要更大。

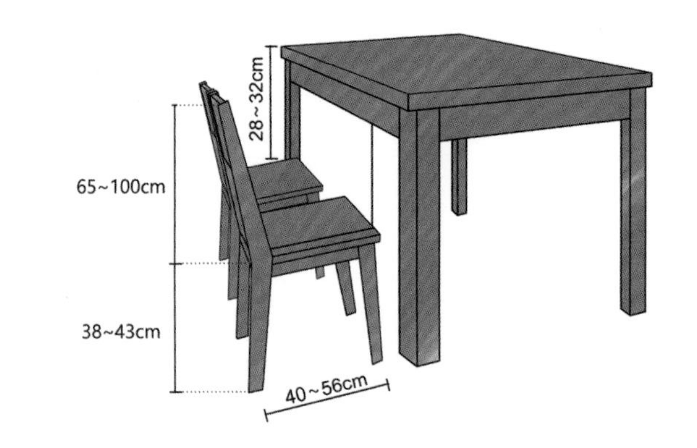

◇ 餐椅常规尺寸

卡座原本是酒吧、咖啡馆以及休闲会所的座位设计形式，随着其优点慢慢被展现出来，这种设计形式经过逐步的改良和创新后，越来越多地被运用到了家居设计中，其中最为常见的就是餐厅卡座。一方面可以节省餐桌椅的占用面积，另一方面卡座的下方空间还可以用于储物收纳，因此能很好地将收纳空间和餐椅合二为一，让餐厅的功能更加紧凑。

餐厅卡座的长度和座宽可以根据实际需求来设计，双人座是最为常见的餐厅卡座。常规双人餐厅卡座的尺寸是长度为 120cm、深度为 60cm、高度为 110cm，如果去掉靠背则深度为 45~50cm。每个定制厂家的偏差约在 5~10cm。此外，不同的款式对卡座尺寸也会有一些影响，上下波动一般在 20cm 左右。

如果卡座在设计的时候考虑使用软包靠背，座面的宽度就要多预留 5cm。同样，如果座面也使用软包的话，木工制作基础的时候也要降低 5cm 的高度。

餐柜的尺寸应根据餐厅的大小进行设计，长度可以根据需要制作，深度可以做到 40~60cm，高度 80cm 左右，或者高度可以做到 200cm 左右的高柜，又或者直接做到顶，增加储物收纳功能。

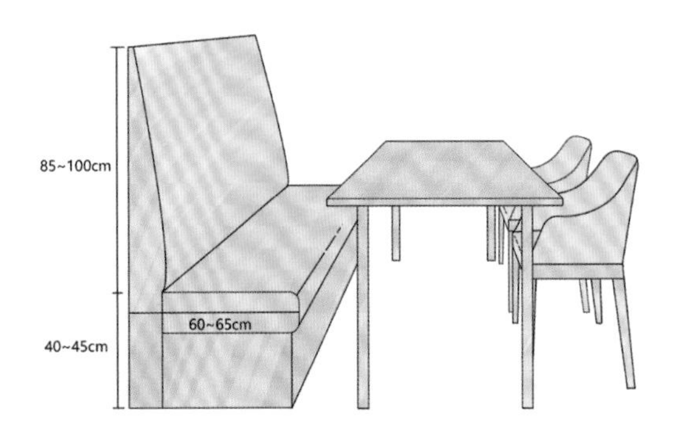

◇ 卡座常规尺寸

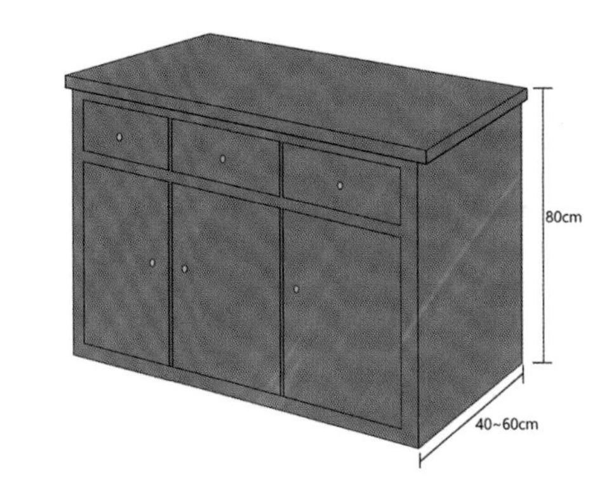

◇ 餐柜常规尺寸

Point

04 卧室空间功能尺寸

室内家具标准尺寸中，床的宽度和长度没有太严格的标准规定，不过对于床的高度却是有一定的要求的，那就是从被褥面到地面之间的距离为 44cm 才是一个健康的高度，因为如果床沿离地面过高或过低，都会使腿不能正常着地，时间长了以后腿部神经就会受到挤压。通常单人床的尺寸为 90cm × 190cm、120cm × 200cm，双人床尺寸为 150cm × 200cm、180cm × 200cm。

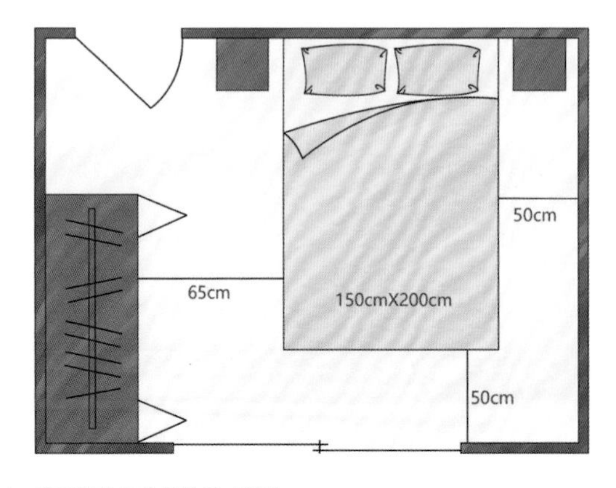

◇ 将床摆放在中间的尺寸设计

将床摆放在中间较为常见，位置确定后，先就床的侧边与床尾剩余空间宽度，来决定衣柜的摆放位置。床与衣柜之间要留出 90cm 左右的位置。空间较小的卧室，为了避免空间浪费，通常选择将床靠墙摆放。但如果床贴墙放的话，被子就容易从另一侧滑落，最好在床与墙之间留出 10cm 的空隙。

床的周围不仅需要留出能够过人的空间，还需要为整理床铺留出一定的空间。床与平开门的衣柜之间，要留出 90cm 左右的位置，推拉门与折叠门的衣柜，则只需留出 50~60cm，这个宽度包括房门打开与人站立时需要的空间。床头两侧至少要有一边离侧墙有 65cm 的宽度，主要是为了便于从侧边上下床；如果想摆放床头柜，床头旁边留出 50cm 的宽度，可顺手摆放眼镜、手机等小物品。

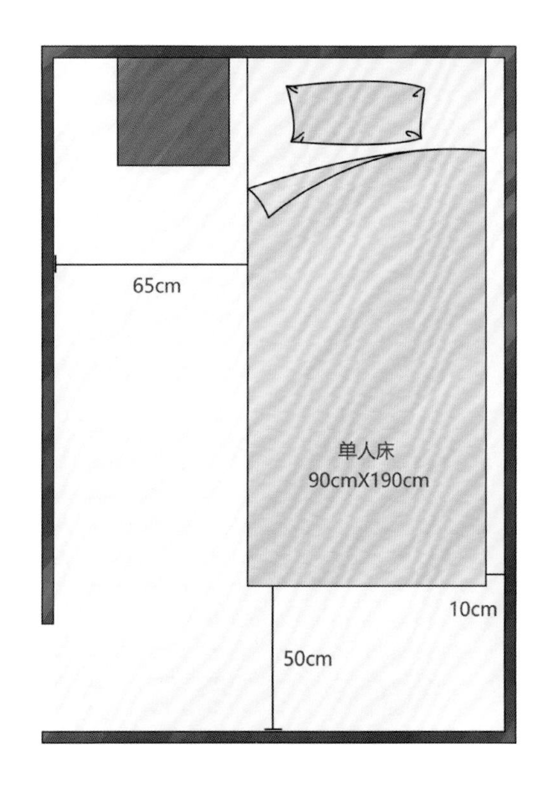

◇ 小空间将床靠墙摆放的尺寸设计

常见衣柜类型有推拉门衣柜、平开门衣柜、折叠门衣柜以及开放式衣柜等。无论是成品衣柜还是现场制作的衣柜，进深基本上都是 60cm。但若衣柜门板为滑动式，则需将门片厚度及轨道计算进去，此时衣柜深度应做到 70cm 比较合适。

成品衣柜的高度一般为 240cm，现场制作的衣柜一般是做到顶，充分利用空间。因为衣柜有单门衣柜、双门衣柜以及三门衣柜等分类，这些不同种类的衣柜的宽度肯定不一样，所以衣柜没有标准的宽度，具体要看所摆设墙面的大小，通常只有一个大概的宽度范围。例如单门衣柜的宽度一般为 50cm，而双门衣柜的宽度则是在 100cm 左右，三门衣柜的宽度则在 160cm 左右。这个尺寸符合大多数家居衣柜摆放的要求，也不会由于占据空间过大而造成室内拥挤或是视觉上的突兀。

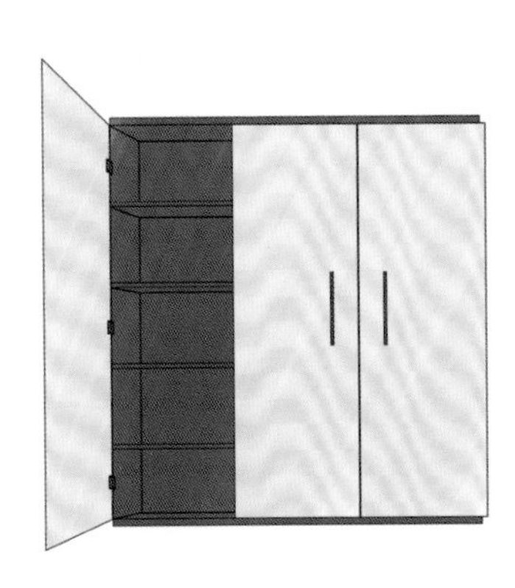

◇ 常见衣柜类型（平开门）

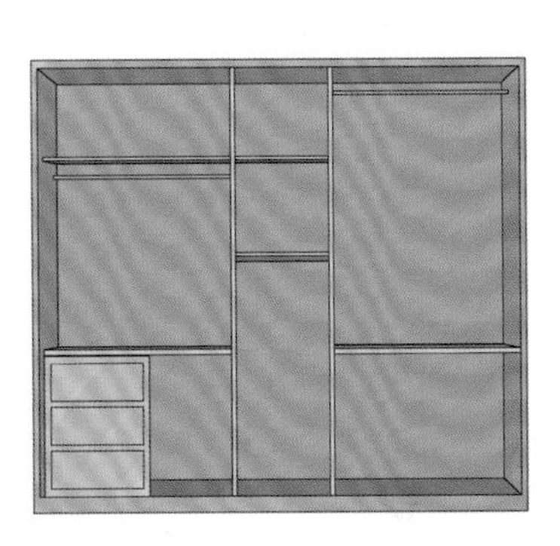

◇ 常见衣柜类型（开放式）

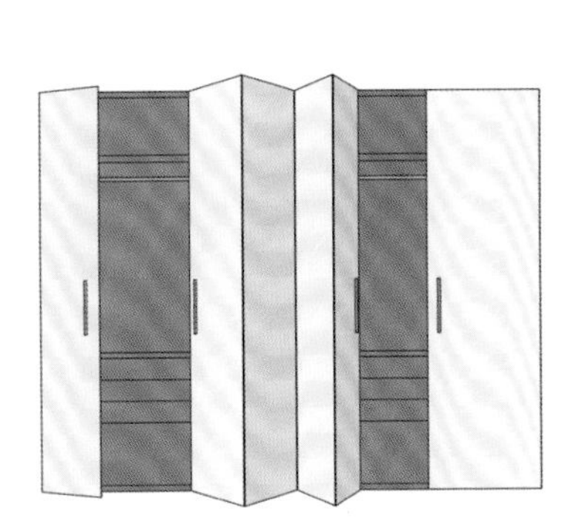

◇ 常见衣柜类型（折叠门）

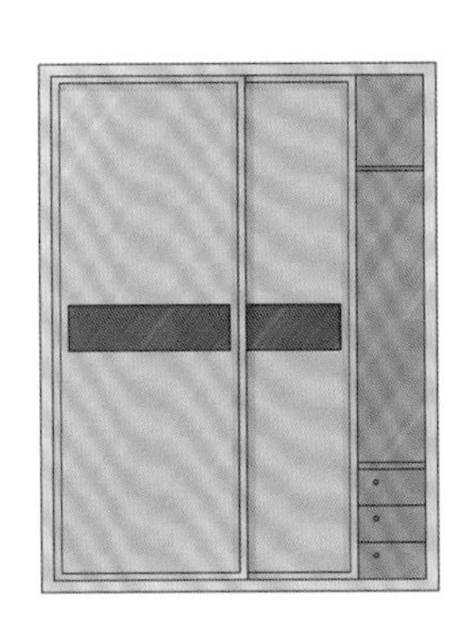

◇ 常见衣柜类型（推拉门）

衣柜尺寸数据

项　　目	尺　　寸
被褥区的高度	一般为 40 ~50cm
被褥区的宽度	大约为 90cm
长衣区的高度	短衣，套装最低要求尺寸要 80cm 的高度，尽量充分利用空间即可，长大衣不低于 130cm 的高度
长衣区的宽度	长衣区可根据拥有长款衣服的件数来确定宽度。一般而言，宽度为 45cm 即够一个人使用。如果人口多，需适当加宽
抽屉的高度	一般不低于 15~20cm
抽屉的宽度	一般为 40~80cm
叠放区的高度	叠放区一般高度为 35~40cm。最好安排在腰到眼睛间的区域，以便拿取方便和减少进灰尘。家里有老年人、儿童，则需要将叠放区适当放大
叠放区的宽度	叠放区的宽度可以按衣物折叠后的宽度来确定，一般为 33~40cm
挂衣杆到底板间距离	挂衣杆到底板的间距不能小于 90cm，否则会拖到底板上
挂衣杆到地面的距离	挂衣杆到地面的距离一般不能超过 180cm，否则不方便拿取
挂衣杆的安装高度	挂衣杆的安装高度一般是根据使用者的身高加 20cm 为佳
挂衣杆与柜顶间距离	一般不能少于 6cm，否则不方便取放衣架
裤架挂杆到底板的距离	一般不能少于 60cm，否则裤子会拖到底板上
裤架高度	一般为 80~100cm
上衣区的高度	一般为 100~120cm，不能少于 90cm
上衣区的进深	一般为 55~60cm
鞋盒区的高度	鞋盒区高度可根据两个鞋盒子的高度来确定，一般为 25~30cm

通常床头柜的大小是占床七分之一左右，柜面的面积以能够摆放下台灯之后仍旧剩余50% 为佳，这样的床头柜对于家庭来说才是最为合适的。

床头柜常规的尺寸是宽度 40~60cm，深度 30~45cm，高度则为 50~70cm，这个范围以内属于标准床头柜的尺寸大小。一般而言，选择在长度 48cm、宽度 44cm、高度为 58cm 的床头柜就能够满足人们对于日常起居的使用需求。如果想要更大一点的尺寸，则可以选择长度 62cm、宽度 44cm、高度为 65cm 的床头柜，那样就能够摆放更多的物品。

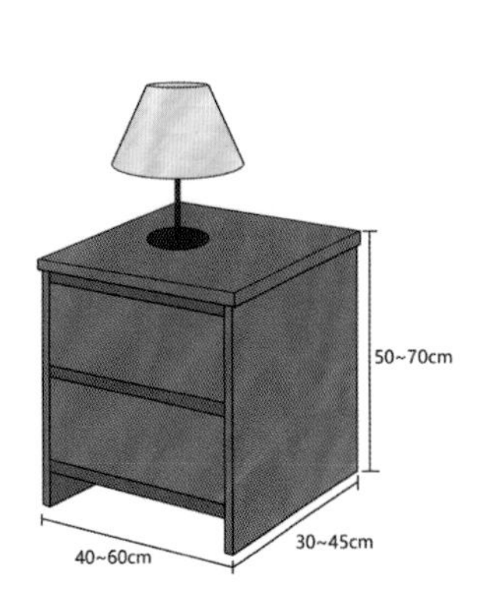

◇ 床头柜常规尺寸

Point

05 儿童房空间功能尺寸

儿童房空间的布局一方面要按照孩子身高进行选择，另一方面要尽可能地考虑到孩子的成长速度。相比大人的房间，儿童房需要具备的功能更多，除睡觉之外，还要有储物空间、学习空间以及活动玩耍的空间，所以需要通过设计使得儿童房空间变得更大。建议把床靠墙摆放，使得原本床边的两个过道并在一起，变成一个很大的活动空间，而且床靠边对儿童来讲也是比较安全的。

婴儿期的宝宝，建议选择长度 100~120cm，宽度 65~75cm 的床，此类床高度通常约为 40cm。学龄期儿童的床则可参照成人床的尺寸来购买，即长度为 192cm，宽度为 80cm、90cm 和 100cm 三个标准，高度在 40~44cm 为宜。如果选择双层高低床，上下层之间净高应不小于 95cm，才不会使睡下床的孩子感到压抑，上层也要注意防护栏的高度，以保证安全。

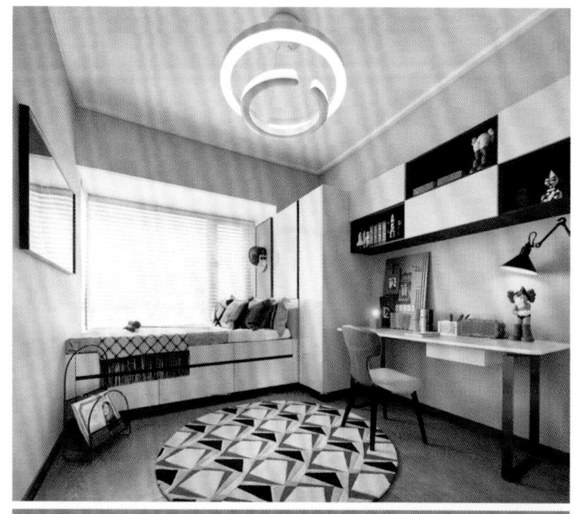

◇ 双层高低床的上下层之间净高应不小于 95cm

◇ 儿童房把床靠墙摆放可腾出更多的活动空间

Point

06 书房空间功能尺寸

公寓房的书房空间是有限的，所以单人书桌的功能应以方便工作，容易找到经常使用的物品等实用功能为主。一般单人书桌的宽度在 55~70cm，高度在 75~85cm 比较合适。一个长长的双人书桌可以给两个人提供同时学习或工作的空间，并且互不干扰，尺寸规格一般在 75cm × 200cm。

对于一般家庭，210cm 高度的书柜即可满足大多数人的需求；书柜的深度约 30~35cm，当书或杂志摆好时，这样的深度能留一些空间放些饰品；由于要受力，书柜的隔板最长不能超过 90cm，否则时间一长，容易弯曲变形。此外，隔板也需要加厚，最好在 2.5~3.5cm。书架中一定要有一层的高度超过 32cm，才可摆放杂志等尺寸较大的书籍。

◇ 满墙的书柜收纳功能更为强大，但需要搭配扶手梯，方便日常书籍的拿取

◇ 双人书桌

◇ 单人书桌

榻榻米的功能非常丰富多元，它既可以做成休息的床铺，同时还能在上面安装升降式茶桌，提高其使用效率。将升降台升起，可赋予其书房、茶室等功能；而将升降台降下，则可作为一个临时的客卧或者休息区，完美地实现了一室多功能的使用效果。

榻榻米的设计长度一般在 170~200cm，宽度为 80~96cm，高度应结合空间的层高考虑，一般控制在 25~50cm 为宜。高度 25cm 的榻榻米，一般适合于上部加放床垫或者做成小孩玩耍的空间。高度 30cm 以下的榻榻米只适合设计侧面做抽屉式储藏，如果高度超过 40cm 则可以考虑整体做成上翻门式储藏。

◇ 高度 25cm 的榻榻米一般适合于上部加放床垫或者做成小孩玩耍的空间

◇ 安装升降式茶桌的榻榻米

◇ 高度 30cm 以下的榻榻米只适合设计侧面做抽屉式储藏

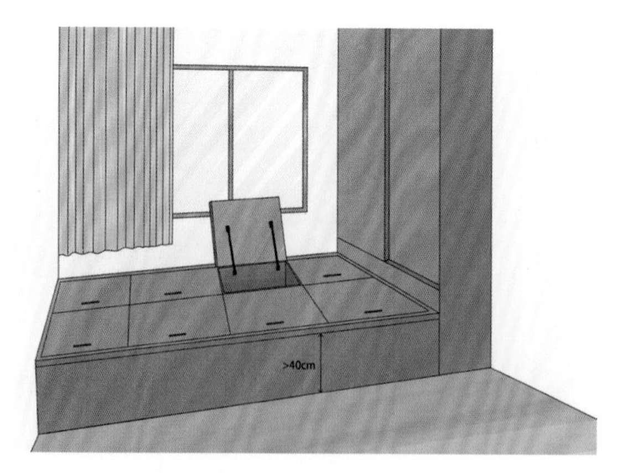

◇ 高度超过 40cm 的榻榻米可以考虑整体做成上翻门式储藏

具体设计榻榻米高度时需要与房子的层高、需要的储物空间的高度来决定。如果房子层高较高，则可以设计 40cm 高甚至更高一点的榻榻米。如果层高较矮，则设计的榻榻米高度就要相应地降低。

◇ 书房运用全屋榻榻米的设计，把房间中的收纳功能发挥到极致

项　　目	尺寸数据（cm）
一般的长度	170~200
一般的宽度	80~96
标准厚度	3、4、5.5
一般高度	25~50
常规矩形榻榻米的长度比	长：宽 = 2 ： 1
地台高度（不设计升降桌时）	15~20
地台高度（有升降桌时）	35~40
日式榻榻米高出地面的高度	30
中式榻榻米高出地面的高度	15

Point

07 厨房空间功能尺寸

烹饪是厨房的基本功能，我国《住宅设计规范》中规定，厨房的最小面积为 4~5m^2。如果小于这个数值，室内的热量聚集就会过大，从而降低舒适度。单排布置的厨房，其操作台最小宽度为 50cm，考虑操作人下蹲打开柜门，要求最小净宽为 150cm。双排布置设备的厨房，两排设备之间的距离按人体活动尺寸要求，不应小于 90cm。

以身高 160cm 的使用者为标准，最便于人体使用的台面高度应是灶台的台面约 85cm，水槽台面 90cm。一般料理动线依序为水槽、备料区和炉具，中央的备料区以 75~90cm 为佳，可依需求增加长度，但不建议小于 45cm，会较难以使用。料理台多半需依照水槽和炉具深度而定，常见的深度为 60~70cm。在设计吊柜的深度与高度时，都需考虑个人的实际身高以及操作习惯。一般来讲，吊柜深度在 30~45cm 较为合适，因为地柜台面的深度一般是 60cm。如果吊柜与地柜深度相同或超过地柜的深度，在烹饪时容易发生碰头的危险。吊柜的高度一般在 65~78cm，台面和吊柜底部的距离控制在 50~60cm 为宜。这样的高度可以保证操作区宽敞，也方便取放存储的物品。吊柜的宽度视厨房的大小情况而定，通常一扇门的宽度在 30~40cm，并且一般和地柜门的宽度保持一致。

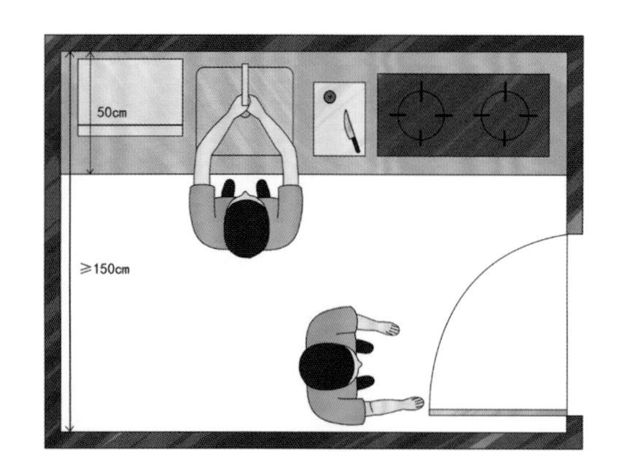

◇ 单排布置厨房

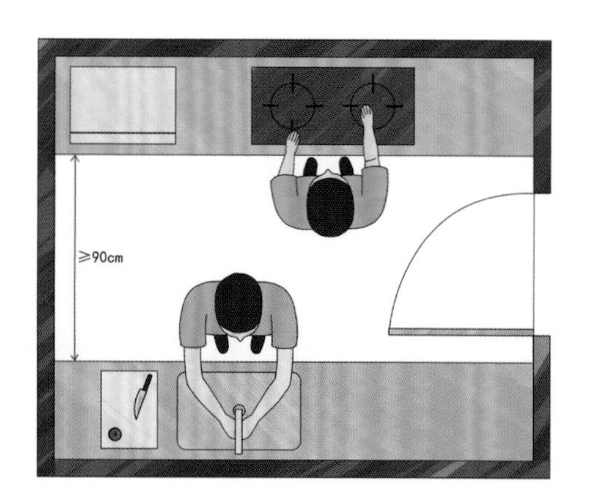

◇ 双排布置厨房

厨房走道的宽度建议维持在 90~130cm，若为开放式厨房，餐厅与厨房多采用合并设计，餐桌或中岛桌与料理台面也需保持相同间距，可以让两人擦肩而过。越来越多的小家庭选择用吧台或中岛台取代餐桌，其可当作厨房的延伸，也身兼划分餐厨区域的重要角色。中岛台的基本高度与厨具大小相同，约 85~90cm，若想结合吧台形式则可增高到 110cm 左右，再配合吧台椅使用。

◇ 在开放式厨房内布置餐桌，注意餐椅拉开之后和操作台应留出适当的距离

◇ 利用橱柜台面延伸的吧台作为就餐区

◇ 中岛桌与料理台面应保持 90~130cm 的距离

Point

08 卫浴空间功能尺寸

卫浴空间可分成干湿两区来考虑，一是盥洗台和坐便器的干区，二是淋浴空间或浴缸的湿区。其中盥洗台和坐便器最为重要，因此需优先决定，剩余的空间再留给湿区。淋浴空间所需的尺度较小，在小空间内就建议以淋浴取代浴缸，若是空间非常狭小，甚至可以考虑将盥洗台外移，洗浴更为舒适。

盥洗台本身的尺寸为 48~62cm 见方，两侧再分别加上 15cm 的使用空间，这是因为在盥洗时，手臂会张开，因此左右需预留出张开手臂的宽度。盥洗台离地的高度则为 65~80cm，可尽量做高一些，以减缓弯腰过低的情形。

卫浴空间若是增加两个盥洗台，就必须考虑到会有多人同时进出盥洗的情形。一般来说，一人侧面宽度为 20~25cm，一人肩宽约为 52cm，若要行走得顺畅，走道就需留 60cm 宽。因此一人在盥洗，另一人要从后方经过时，盥洗台后方至少需留出 80cm 的宽度才合适。

◇ 双盥洗台的设计

◇ 卫浴间盥洗台的合理尺寸

◇ 干湿分区的卫浴间格局

为了让空间有效利用，可选择镜柜增加收纳功能，镜柜一般安装在主柜的正中位置，两边各缩进5~10cm为宜，高度以人站在镜子前，头部在镜子的正中间最为合适，一般在160~180cm，这个高度同时也是拿取柜内物品最轻松的高度。

◇ 根据卫浴空间实际格局定制的淋浴房

坐便器面宽的尺寸大概在45~55cm，深度为70cm左右。前方需至少留出60cm的回旋空间，且坐便器两侧也需分别留出15~20cm的空间，起身才不觉得拥挤。

淋浴区为一人进入的正方形空间，最小的尺寸为90cm×90cm，可再扩大至110cm×110cm，但边长建议不超过120cm，否则会感到有点空旷。

◇ 坐便器的左右两侧需分别留出15~20cm的空间

◇ 镜柜的合适高度一般为160~180cm

全案设计基础

软装全案设计师必备

PART 3

第三章 室内装饰风格类型

- F U R N I S H I N G -

- DESIGN -

装饰风格是对室内设计艺术本质的概况与展现。室内装饰风格一般由一系列特定的硬装特征和软装要素组成，而且其中一些元素具有独特的标志性符号，是突出其风格特点的重要依据，比如特定的图案或者饰品等。在装饰前期首先要考虑的就是风格，只有整体的风格确定以后，才能让接下来的装饰过程顺利开展。

第一节

北欧风格

FURNISHING
DESIGN

Point

01 风格定义

北欧风格设计在 20 世纪 50 年代发源于北欧的芬兰、挪威、瑞典、冰岛和丹麦，这些国家靠近北极寒冷地带，原生态的自然资源相当丰富，对于这些国家的记忆符号，立刻可以想到冰天雪地，还有北极熊，以及原生态的森林。此外，北欧风格的形成还与《詹特法则》密切相关，《詹特法则》是北欧人重要的基本生活观念以及不成文的行为规范，它指的是轻视任何浮夸的元素以及对于物质成就的炫耀，并以节制所练就的美感彰显出了家居空间优雅与简洁的特质。

由于户外极寒的天气，使得北欧人只能长期生活在户内，从而造就了他们丰富且熟练的各种民族工艺传统。简单实用，就地取材，以及大量使用原木与动物的皮毛，形成了最初的北欧风符号特点。在这个漫长的过程中，北欧人与现代工业化生产并没有形成对立，相反采取了包容的态度，很好地保障了北欧制造的特性和人文。

随着现代工业化的发展，北欧风格还是保留了当初最早的特点——自然、简单、清新，其中自然系的北欧风仍延续到今天。不过，北欧风最初的简洁还在不断发展当中，现如今的北欧风不再局限于当初的就地取材上，工业化的金属，以及新材料，都被应用到北欧风格中。

◇ 大面积的原生态森林满足了北欧风格常以原木为主导的环保设计理念

◇ 北欧风格注重对自然的表现，尽量保持材料本身的自然肌理和色彩

◇ 尖顶或坡顶是北欧建筑的特点之一

Point

02 装饰特征

北欧风格的设计源于日常生活，因此，在空间结构以及家具造型的设计上都以实用功能为基础。比如大面积的白色运用、线条简单的家具以及通透简洁的空间结构设计，都是为了满足北欧家居对于采光的需求。除了实用功能外，北欧风格还善于利用材料自身的特点，例如在室内环境中使用的基本上是未经精细加工的原木，这种木材最大限度地保留了木材的原始色彩和质感。

◇ 北欧现代风格

北欧现代风格是指传统北欧风格的实用主义和现代美学设计完美结合的家居设计风格。在色彩上常以白色作为基础色，搭配浅木色以及高明度和高纯度的色彩加以点缀，让家居空间显得简朴而现代。家具在形式上以圆润的曲线和波浪线代替了棱角分明的几何造型，呈现出更为强烈的亲和力。

◇ 北欧乡村风格

北欧乡村风格是一种以回归自然为主题的室内装饰风格，其风格最大的特点就是朴实、亲切、自然。以利用带有一定程度的乡村生活或乡间艺术特色，呈现出了原生态的乡村风情。在材质的运用上，可常见源于自然的原木、石材以及棉麻等，并且重视传统手工的运用，尽量保持材料本身的自然肌理和色泽。

◇ 北欧工业风格

北欧工业风格以其独特的装饰魅力，成了近年来家居设计的风潮。随处可见的裸露管线、不加以修饰的墙壁，以及各种各样的金属家具。陈旧的主题结构以及各种粗陋的空间设计是其风格最为常见的表现手法。

Point

03 设计要素

01

光线需求

02

几何线条

03

纯色色块

04

原木材质

05

棉麻织物

06

黑白色搭配

07

浅色 +
原木色

08

烛台摆件

09

麋鹿头挂件

10

功能分区
模糊

11

接近几何
形态的绿植

12

现代抽象
装饰画

Point

04 实例解析

◆ 北欧风情

灰色的墙面配以浅色的原木地板，柔和而舒适。孔雀蓝色的墙面搭配棕色的木作家具，加强了空间对比。强烈的对比打破了安静柔和的氛围，并带来了强烈的视觉冲击。采用黑色的铁艺装饰架和黑色的椅子，缓和了空间里的冲突。人物为主题的抽象装饰画、热闹的暖黄色系，为家居环境增加了快乐表情。镜面映衬绿色植物的造景，为空间巧妙地增添了生机。

◆ 自然素雅

原木色以及黑白灰的搭配，可以说是北欧风格最基础，也是最经典的色彩搭配了。素雅之间流露着简单自然，优雅之外又兼具时尚与高端。以木作装饰墙面搭配原木色地板展现出了安宁和质感。黑色的三人沙发、灰色的茶几以及黄昏蓝色布墩的搭配，拉开了空间的层次。黑白色条纹地毯贯穿了纯色的空间，从而增加了空间的律动感。墙面牛头壁灯的装饰，显得俏皮可爱。

◆ 清新之梦

美有千万种的定义，本案的美在于色调的完美衔接。素雅的白色调，铺设出了清新的气氛。原木色的地板与黑色吊灯的搭配手法，也令空间的视觉感进退有度。酒红色、亮黄色以及绿豆灰色单椅的撞色，为空间带入了跳跃与活力的情绪。空间以及家具简单的线条造型，都有着去繁从简但又不失优雅的气质。

轻奢风格

Point

01 风格定义

轻奢的家居概念，早在几十年前就已在欧美国家流行。而在国内，轻奢风格最近几年才刚流行起来。轻奢的流行对于消费者的审美有一定的要求。这样的变化，与消费升级下美学的兴起和个性意识的崛起有着紧密的关系。轻奢是消费者的一种真实的需求，是一种审美的升级。这种新型的审美，才能与目前的时代趋势相契合。

轻奢风格的诞生主要来自奢侈品发展的下沿，但重点仍然在于“奢”。现代社会的快速发展，使人们在有了一定的物质条件后，开始追求更高的生活品质。这也促使了现代家居装饰中品位和高贵并存的设计理念。轻奢，顾名思义，即轻度的奢华，但又不是浮夸，而是一种精致的生活态度，将这份精致融入生活正是对于轻奢风格最好的表达。此外，轻奢风格以简约风格为基础，摒弃一些如欧式、美式等风格的复杂元素，再通过时尚的设计理念，表达出了现代人对于高品质生活的追求。

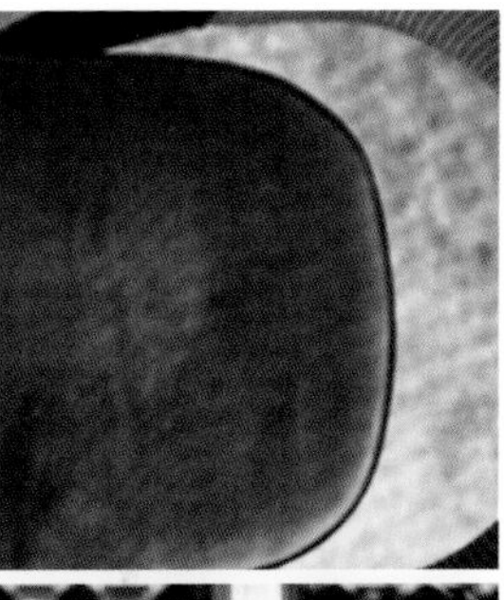

Point

02 装饰特征

轻奢风格在空间布局手法上追求简洁，常以流畅的线条来灵活区分各功能空间，表达出精致却不张扬，简单却不随意的生活理念。轻奢风格在装饰材料的选择上，从传统材料扩大到了玻璃、塑料、金属、涂料以及合成材料等，并且非常注重环保与材质之间的和谐与互补，呈现出传统与时尚相结合的空间氛围。轻奢风格对空间的线条以及色彩方面都比较注重。常以大众化的艺术为设计基础，有时也会将古典韵味融入其中，整体空间在视觉效果以及功能方面的表现都非常简洁与自然。

在硬装造型上，轻奢风格空间讲究线条感和立体感，因此背景墙、吊顶大多会选择利落干净的线条作为装饰。墙面通常不会只是朴素白墙或涂料，常见硬包的形式，使空间显得更加精致。此外，墙面采用大理石、镜面及护墙板做几何造型也比较多用，以增添空间的立体感。

在为轻奢风格的室内空间搭配软装时，应尽量挑选一些造型简洁、色彩纯度较高的饰品。数量上不宜太多，否则会显得过于杂乱。可以选择一些以金属、玻璃或者瓷器材质为主的现代工艺品。此外，一些线条简单，造型独特甚至是极富创意和个性的摆件，都可以作为轻奢风格空间中的装饰元素。

◇ 金属、玻璃以及瓷器材质为主的现代工艺品

◇ 金属材质在空间中的大量应用

Point

设计要素

01

大理石

04

烤漆家具

02

优雅配色

05

皮革制品

03

金属材质

06

丝绒布艺

07

艺术雕塑

08

金色金属灯

09

艺术抽象画

10

水晶
玻璃制品

11

几何图案
及造型

12

垂顺面料
的窗帘

◆ 星月夜

以白色与米灰色的背景色调，打造出带有几何美感的环境。以棕色和暖灰色作为主体用色，令空间的大关系呈现出稳定的一面。点缀色上采用靛蓝与鹅黄的低饱和度补色对比，将时尚的雅奢气质传递了出来。

◆ 琴瑟静好

两个与室外紧密相连的空间中，通过家具、落地窗、地面材料、陈列品，甚至光纤的变化，明确地表达出了不同空间功能的划分。黑与白是极简主义的常用色，而金色又营造出了优雅与奢华的调性。不同材质的黑色跳跃在金属、面料、摄影、合金等不同地方，多种色带的处理方式，体现出了一个符合现代人居住的高品质住宅。

◆ 避暑住宅

一个严格对称的空间或许会太过板正，因此墙上挂饰的选择就显得尤其重要。家居空间讲究纯净优雅，家具线条更宜简约而细微。挂饰的形式则严谨兼具自由，明亮大胆，丰厚却又纯净。结合精致的墙板和金属收口线条，使空间更具有艺术性。虽然金属和镜面向来是两种易于搭配的元素，但镜面元素要注重灵活多变。

第三节

新中式风格

FURNISHING DESIGN

Point

01 风格定义

中式风格是指具有中国文化的室内装饰风格，它的风格可以细分到不同朝代，汉代的庄重典雅、唐代的雍容华贵、明清时期的大气磅礴……中式风格凝聚了中国两千多年的民族文化，是历代人民勤劳智慧和汗水的结晶。

经过融合之后而形成的新中式风格中，体现出来不单单是中式风格的延续，更是人们一种与时俱进的发展理念。这些“新”，是利用新材料、新形式对传统文化的一种演绎。将古典语言以现代手法进行诠释，融入现代元素，注入中式的风雅意境，使空间散发着淡然悠远的人文气韵。新中式风格延续了明式家具的简约与自然流畅，摒弃了中式风格中繁复的雕花和纹路、描金与彩绘，造型简洁，色彩淡雅。

◇ 将传统的中式元素通过简化的设计手法进行呈现

简单地说，新中式风格是对古典中式家居文化的创新、简化和提升，是以现代的表现手法去演绎传统，而不是丢掉了传统。因此，新中式风格的设计精髓还是以传统的东方美学为基础，万变不离其宗。作为现代风格与中式风格的结合，新中式风格更符合当代年轻人的审美观点。

◇ 新中式风格继承了空间布局讲究对称的特点，体现出一定的协调性

Point

02 装饰特征

典雅端庄的新中式风格更多借鉴清代风格的大气稳重，在此基础上运用创新和简化的手法进行设计，规避繁杂的同时降低传统中式风格中的厚重感，保留端庄沉稳的东方韵味。在继承与发扬传统中式美学的基础上，以现代人的审美眼光来打造富有传统韵味的事物，让现代家居呈现简单、舒适、大气、高雅的一面。这不仅是古典情怀的自然流露，同时也展现了现代人向往高品质的生活方式。在色彩搭配上，会采用如红色、紫色、蓝色、绿色及黄色等传统中式风格常用的色彩，而且色彩都比较饱和与厚重。此外，木作和家具一般采用褐色或者黑色等深色居多，给人以大气中正的感觉。在家具的造型上，运用了创新和更为简洁的设计手法，在降低传统中式家具厚重感的同时，也保留了端庄沉稳的气韵。

精致奢华的新中式风格于传统中透露着现代气息，在设计时，可以在空间里融入时下流行的现代元素，形成传统与时尚融合的反差式美感，并展现出强烈的个性。在材质运用上，虽仍以质朴无华的实木为主，但也大胆采用金属、皮质、大理石等现代材质进行混搭，在统一格调之余，又赋予新中式风格更加奢华的魅力。此外，还可以把传统中式风格中典型且具有代表性的装饰元素进行革新与颠覆。例如把古典中式风格中常见的鼓凳，用金属或者亚克力及玻璃材质等进行设计或加以点缀。

◇ 精致奢华的新中式风格

◇ 典雅端庄的新中式风格

淡雅温馨的新中式风格给人一种亲切舒适而又不失雅致的感受，减少了传统中式风格中的大气恢宏带来的距离感，在保留中式文人气质的同时，更多体现温馨包容的氛围。没有厚重的色彩，而是把一切传统的色彩饱和度降低。中式线条更加利落硬朗，似有若无的边界，概念符合中庸之道的意境。相对于传统的中式风格来说，在空间细节上会有金属的装饰，但比例上不多，用来体现富贵饱满的质感，增加温馨氛围。

◇ 淡雅温馨的新中式风格

朴实文艺的新中式风格通常不会使用造价过高的材质和工艺，是很受时下年轻人喜欢的一种设计手法。装饰时在保留传统的中式家具制式的基础上，叠加时尚的颜色和花纹，或者再加以做旧处理，彰显个性的同时，又保留传统中式的韵味。在材料的选择上，不宜使用过于精致硬朗的材质，和过于细腻的工艺手法，可选择简单质朴的方式来体现。比如硬装上采用水泥墙面和地面，要比用光洁的大理石更能体现朴拙的自然氛围。当然粗糙不加修饰的原木材质也是营造质朴文艺气质的不二选择。

◇ 朴实文艺的新中式风格

古朴禅意的新中式风格崇尚“少即是多”的空间哲学，追求至简至净的意境表达，常运用留白手法。木作及家具的材料多为天然木材的本色，体现出返璞归真的禅意韵味。在装饰材料的搭配上，可选择原木、竹子、藤、棉麻、石板以及细石等自然材质。

◇ 古朴禅意的新中式风

Point

03 设计要素

01 对称的布局设计

02 留白意境

03 屏风

04 中式题材的装饰画

05 中式特色的墙饰

06 水墨山水元素

07

吉祥纹样

08

木格栅

09

传统瓷器

10

中式花艺

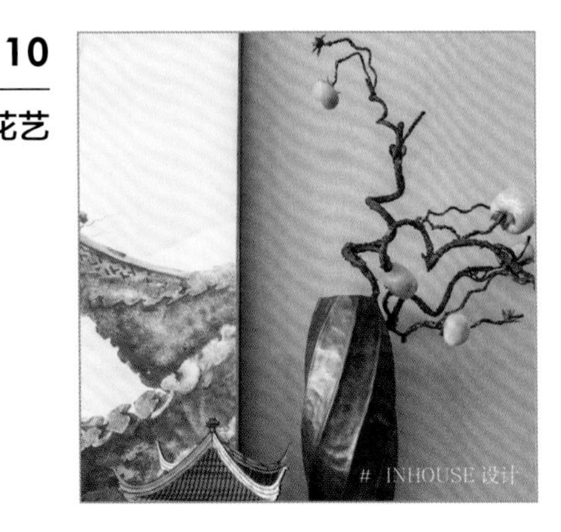

11

茶文化摆件

12

文房四宝摆件

Point

04 实例解析

◆ 清木禅香山里红

挑高客厅的空间感较好，整体以黑白灰为打底色，木色则作为衔接穿插其间，为空间营造出了柔和的氛围。饱和度较低的赭红色家具则作为点缀色出现，使空间多了几分活力与生机。对拼的灰色石材作为主背景形成了一座大山的即视感，同时旁边则为了应景采用了一幅山水概念图。粗犷的原木色口套以及实木竖格栅，有序的排列使空间呈现出静谧的东方气质。

◆ 厚德载物书香门第

厚德方能载物，中国儒家思想所讲仁、义、礼、智、信的君子之道，对华夏文明影响颇深。书房作为读书学习的场所，适合的环境氛围可以使人的学习状态得到辅助。超高的落地书架给人以极强的视觉冲击感，红色的书架背景喜庆吉祥，富有传统特色。墙面的白鸟图壁画气势恢宏，衬托了空间的格调，极似古代宫灯款式的落地灯，使空间多了几分柔美。

◆ 远山天涯近水楼台

在文人的世界中书房的意义非凡，古人曾言书中自有黄金屋，书中自有颜如玉。本案采用了大面积胡桃木色落地书架作为墙面的装饰，其中精心挑选的艺术品与书籍有序摆放，形成了各个丰富多彩的小空间。书桌上的笔墨纸砚文房四宝置于案前，好像亭台楼阁般富有诗意。新中式的吊灯在照亮桌案的同时，自身的山形简笔画为空间增加了深远的意境。

第四节

美式风格

FURNISHING DESIGN

Point

01 风格定义

美国是一个移民国家，在 17 世纪曾受西欧各国相继入侵，其文化在移民过程被各自不同国家地域的文化、历史、建筑、艺术甚至生活习惯等影响。久而久之，这些不同的文化和风土人情开始相互吸收，相互融合，从而产生一种独特的美国文化。同样，美式家居也深受这种多民族共同生活的方式的影响，美国人传承了欧洲文化的精华，更把东亚、塔希提、印度等文化融入居家生活中，加上自身文化的特点，逐渐形成了独特的室内装饰风格。

美式风格在扬弃巴洛克和洛可可风格的新奇和浮华的基础上，建立起一种对古典文化的重新认识。它既包含了欧式古典家具的风韵，但又少了皇室般的奢华，转而更注重实用性，兼具功能与装饰集与一身。这样的家居风格被誉为美式家居风格。

◇ 象征美国精神文化的自由女神像

美式风格传承了美国的独立精神，注重通过生活经历的累积以及对品位的追求，从中获得家居装饰艺术的启发。比如美国影视作品里的居住空间中，有家人的照片在角落里、有不舍得放弃的阳台小花园、有开放厨房绕着全家的笑声、有明亮的浴室让人去除疲倦。因此美式风格不仅是一种室内装饰风格，更像是一种生活态度，让住在其中或偶尔来访的人都倍感温暖，这也是美式风格的设计精髓。

◇ 作为美国国鸟的白头海雕

◇ 印第安文化和白头海雕图腾在现代室内家居设计中的运用

Point

02 装饰特征

美式风格独有一种很特别的怀旧、浪漫情节，使之能与宫廷风格的古典华贵分庭抗礼而毫不逊色。随着时代的变迁，曾经的宫廷式复杂的美式设计，现在又向着回归自然的设计方向发展，最后衍生出取材天然、风格简约、设计较为实用的美式风格特点。

◇ 美式古典风格

美式古典风格历经欧洲各式装饰风潮的影响，仍然保留着精致，细腻的气质。用色较深，绿色以及驼色为主要基调。一般正式的古典空间中会出现高大的壁炉，独立的玄关、书房等。而门、窗均以双开落地的法式门和能上下移动的玻璃窗为主。至于地面的材质大都以深色、褐色及木纹的地板来标志美式特有的温度。软装饰品以古董、黄铜把手，水晶灯及青花瓷器为重点。墙上也采用颜色较为丰富，且质感较浓稠的油画作品。

◇ 美式乡村风格

美式乡村风格非常重视生活的自然舒适性，充分显现出乡村的朴实风味，原木、藤编与铸铁材质都是美式乡村中常见的素材，经常使用于空间硬装、家具用材或灯饰。在地面颜色上，多选用橡木色或者棕褐色，使用带有肌理感的复合地板。

◇ 现代美式风格

现代美式风格家居摈弃了传统美式风格中厚重、怀旧、贵气的特点，家具具有舒适、线条简洁与质感兼备的特色，造型方面也多吸取了法式和意式中优雅浪漫的设计元素，有时也会融入带有自然风味的简洁家具，或者经过古典线条改良的新式家具。在墙面上喜欢选用米色系作为主色，并搭配白色的墙裙形成一种层次感。

Point

03 设计要素

01
壁炉

02
护墙板

03
宽大沙发

04
鹿角灯

05
实木地板

06
墙面挂盘

07

麻质地毯

08

做旧实木家具

09

温莎椅、摇椅

10

大量绿植花卉

11

实木边框的暗色装饰画

12

仿古怀旧艺术摆件

Point

04 实例解析

◆ 自然情怀

深色的黑胡桃木作框线内嵌桃花心木饰面板，搭配西班牙米黄大理石及雅士白壁炉，构成了奢华大气的整体空间氛围。在客厅的中央位置悬挂了5层高的超大鹿角蜡烛吊灯，与壁炉上方的鹿角挂饰相呼应。以壁炉为中心，饱满对称的家具摆放，利用传统的羊毛地毯，有效地围合了中心区域，使其有序地呈现在空间中。各式各样的复古相框、铁艺烛台、实木手工雕刻摆件，无一不在向人们介绍这段具有自然情怀的奢华美式客厅。

◆ 走进丛林

宽敞的现代起居室，选择三面围合的沙发摆放，搭配具有美式联邦风格的边柜，将室内空间有效围合成了独立的区域。逼真的鹿头装饰搭配四幅风景油画，成为墙面的主要装饰。顶棚的深色木作假梁搭配双层的木质铁艺吊灯，增加了顶面空间的层次感。

◆ 马术主题

耀眼的爱马仕橘当仁不让地成为空间的焦点色彩。马术主题的新古典美式客厅，因其色彩和挂画，也应运而生。斑马纹的单椅，无处不在骏马油画，用最形象的语言述说着马术主题的客厅需如何创造。平贴镜面材质的电视柜，现代而时尚，在整体的家具运用中，古典与时尚并存，充满着新古典的气息。

法式风格

FURNISHING DESIGN

Point

01 风格定义

法国位于欧洲西部，作为欧洲的艺术之都，装饰风格是多样化的，各个时期的室内装饰风格都可以见到。

16 世纪的法国室内装饰多由意大利接触过雕刻工艺的手艺人和工匠完成。而到了 17 世纪，浪漫主义由意大利传入法国，并成为室内设计主流风格。17 世纪的法国室内装饰在整整三个世纪里主导了欧洲潮流，而此时法国主要的室内装饰都由成名的建筑师和设计师来主持。到了法国路易十五时代，欧洲的贵族艺术发展到顶峰，并形成了以法国为发源地的洛可可风格，一种以追求秀雅轻盈，显示出妩媚纤细特征的法国家居风格形成了。此后，洛可可艺术在法国高速发展，并逐步受到中国艺术的影响。这种风格从建筑、室内扩展到家具、油画和雕塑领域。洛可可保留了巴洛克风格复杂的形象和精细的图纹，并逐步与大量其他的特征和元素相融合，其中就包括东方艺术和不对称组合等。

◇ 巴黎圣母院高耸挺拔，辉煌壮丽，它是巴黎第一座哥特式建筑，开创了欧洲建筑史先河

◇ 法国路易十四时期建造的凡尔赛宫室内装饰极其豪华富丽，是当时法国乃至欧洲的贵族活动中心、艺术中心和文化时尚的发源地

随着时代的发展，当代表着宫廷贵族生活的巴洛克、洛可可风格走向极致的时候，也在孕育着它最终的终结者。伴随着庞贝古城的发现，欧洲人掀起了对希腊、罗马艺术的浓厚兴趣，延伸到家居领域，带来了新古典主义的盛行。法式新古典早在 18 世纪 50 年代就在建筑的室内装饰和家具上有所体现，但是真正大规模应用和推广还是在路易十六统治时期以及拿破仑时期。

Point

02 装饰特征

根据时代和地区的不同，法式风格通常分为法式巴洛克风格、法式洛可可风格、法式新古典风格以及法式田园风格。

巴洛克风格强调设计的空间感、立体感和艺术形式的综合手段，吸收了文学、戏剧、音乐等领域里的一些因素和想象，是一种激情的艺术，非常强调运动和变化，具有浓郁的浪漫主义色彩。巴洛克风格色彩丰富而且强烈，喜欢运用对比色来产生特殊的视觉效果。最常用的色彩组合包括金色与亮蓝色、绿色和紫色、深红和白色等。米色是最常用的背景基色，金色则是巴洛克风格最具代表性的色彩。

◇ 法式巴洛克风格

洛可可风格的总体特征为纤弱娇媚、纷繁琐细、精致典雅，追求轻盈纤细的秀雅美，在结构部件上有意强调不对称形状，其工艺、造型和线条具有婉转、柔和的特点。洛可可风格的装饰题材有自然主义的倾向，房间中的家具也非常精致而且偏于烦琐，不像巴洛克风格那样色彩强烈，装饰浓艳。家具的造型往往是以回旋曲折的贝壳形曲线和精细纤巧的雕刻为主，呈现出更明显的优美线条，由此引申一种纤巧、华美、富丽的艺术风格。

◇ 法式洛可可风格

◇ 法式巴洛克时期边桌

◇ 法式洛可可时期安乐椅

法式新古典风格是由古典风格经过改良而来的室内装饰风格。传承了古典风格的文化底蕴、历史美感及艺术气息，同时将繁复的家具装饰凝练得更为简洁精雅，为空间注入简洁实用的现代设计。新古典风格色彩的运用上打破了传统古典风格的厚重与沉闷，并且给人雅致华丽的感觉，如金色、黄玉色、紫红色、深红色、海蓝色与亮绿色等如宝石一般高贵、典雅的色彩。还常运用各种灰色调，如浅褐色调与米白色调，整个空间给人以大方、宽容的非凡气度。

◇ 法式田园风格

法式田园风格顶面通常自然裸露，平行的装饰木梁只是粗加工擦深褐色清漆处理，然后就自然呈现；墙面常用仿真墙绘，并且与家具以及布艺的色彩保持协调；地面铺贴材料最为常见的是无釉赤陶砖和实木地板。石材壁炉最能够体现法式田园风格中乡村与自然的气质，特别是那种表面未经抛光处理的石材，最好带有磨损或者坑洞等痕迹。在法式田园风格的软装中，运用比较多的是薰衣草、铁艺灯具、金属的烛台和台灯。

◇ 法式新古典风格

◇ 法式田园风格单椅

◇ 法式田园风格床榻

◇ 法式新古典时期双人翼状沙发

Point

03 设计要素

01

水晶灯

02

轴线对称

03

描金瓷器

04

金色的应用

05

洗白处理家具

06

低饱和度色彩

07

古典欧式纹样

08

华丽布艺材质

09

法式廊柱与雕花

10

繁复雕刻的油画框

11

造型优雅纤细的家具

12

描金或描银的雕花家具

◆ 转角邂逅新古典

大宅的风范自然是豪气干云，就连楼梯间的设计也极富魅力。二层之间的楼梯转角,刚好安排出一个合适的起居空间，随时随地，欢聚一堂。淡淡粉蓝的色调，透露出一丝洛可可的优雅气质，新古典风格的家具整齐地排列组合，充满了仪式感。

◆ 完美气质的豪奢雅逸

挑空的空间布局给人视觉上的延伸感，搭配大幅金框装饰画体现出宏伟的气势。同时镜面的装饰扩大了整个空间格局，并形成了视觉盛宴。整个空间的色彩以浅色为主，点缀蓝色调整了整个空间的节奏感。

◆ 来自东方的尊贵问候

贴着银箔的床头，有着优美而华丽的曲线，简约的雕刻把皇家的尊贵体现无遗。床头柜像卫兵般的伫立于床的两侧，守护着主人。尽显东方神韵的台灯大而贵气，色彩与床头帷幔呼应得当。作为东方尊贵的象征，凤凰挂画则带来了来自东方的尊贵问候。

日式风格

Point

01 风格定义

日式风格又称和式、和风，起源于中国的唐朝，盛唐时期，唐朝的文字、服饰、宗教、起居、建筑结构、文化习俗等传播到了日本。日本与中国都有着极其相似的地方，深受中国文化的影响，中国人的起居方式在唐代以前，盛行席地而坐，因此家具主要以低矮为主。日本学习并延续了中国初唐时期低床矮案的生活方式，并且一直保留到了今天，形成了完整独特的体系。唐朝之后，中国的装饰和家具风格依然不断地传往日本。在日本极为常用的格子门窗，就是在宋朝时期传入日本，并一直沿用至今，成为古典日式风格的显著特征之一。

在众多中式文化中，禅宗文化对日式风格的影响最为显著，日本把对禅宗的顶礼膜拜，做了更深层次的解读和发扬，并运用到了建设装饰设计之中。除传统的日式风格以外，日式风格还呈现现代、科技、艺术的一面，现代日式风格从 20 世纪 80 年代后期开始受后现代设计风潮的影响，设计上对外观非常注重，甚至到了影响功能的程度，这是日本泡沫经济的一个时代特征。20 世纪 90 年代初泡沫破裂，日本陷入萧条，设计风格向本质回归，天然材质的使用又开始流行。出现了 muji、zakka 等一些时下流行的表现形式。

◇ 纸灯笼在日本被作为传统工艺传承，是一个怀古的象征物，也是生活中不可或缺的用品

◇ 日式风格室内装饰一直保留了中国初唐时期低床矮案的生活方式

◇ 浮世绘起源于日本江户时代，是一种独特的民族绘画艺术

◇ 早期的和风门帘用来遮挡风尘，现代日式风格中主要是用作装饰和宣传

Point

02 装饰特征

“返璞归真、与自然和谐统一”是日式风格的核心，也表现日本人讲究禅意，对淡泊宁静，清新脱俗生活的追求。擅长表现空间的流动与分隔，流动则为一室，分隔则分几个功能空间，空间中总能让人静静地思考，禅意无穷。此外，日式风格善于借用室外的自然景色为家居空间装点生机，热衷于使用自然质感的材料，因此呈现出与大自然深切交融的家居景象，其中室外自然景观最突出的表现为日式园林枯山水，也是禅宗美学对于日本古典园林影响深刻的体现，几乎各种园林类型都有所体现。

◇ 传统日式风格淡雅简洁，取材自然，表现出古朴雅致的禅意

传统日式风格一般采用清晰的线条，居室的布置优雅、清洁，有较强的几何立体感。能与自然融为一体，借用外在自然景色，为室内带来生机，选用材料上特别注重自然、质感，大量运用木材、草席、插花等天然的材质。传统日式风格中还常常混搭中式风格，在自然气息中更增加古朴雅致的禅意味道。

◇ 日式园林枯山水反映了禅宗美学枯与寂的意境

现代日式风格在暗示使用功能的同时强调设计的单纯性和抽象性，运用几何学形态要素以及单纯的线面和面的交错排列处理，避免物体和形态的突出。尽量排除任何多余的痕迹，采用取消装饰细部处理的抑制手法来体现空间本质，并使空间具有简洁明快的时代感。

◇ 现代日式风格简化传统元素，呈现出简洁明快的时代感

Point

03 设计要素

01 原木色

04 枯山水

02 石灯笼

05 格子门窗

03 榻榻米

06 和风元素

07

实木、竹、
藤、麻等
天然材质

10

茶道文化
元素

08

低矮实木
家具

11

花道文化
元素

09

侘寂美学
瓷器

12

纯天然
棉麻布艺

Point

04 实例解析

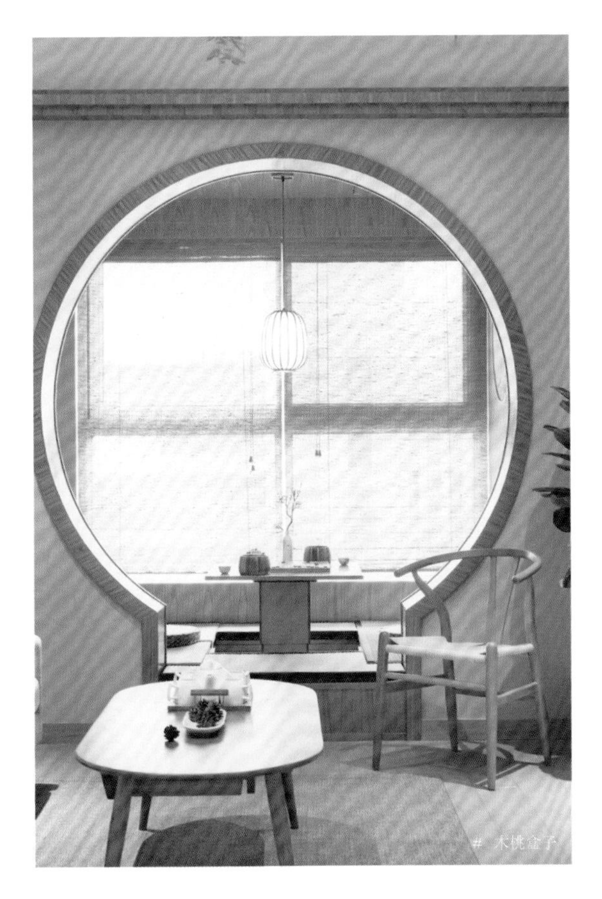

◆ 禅茶合一的圆融空间

线条简约质朴的小体量家具，让室内变得更加干净利落。以简单小型的茶桌为摆设，营造出了沉稳宁静的质感。用清晰的颜色线条和强烈的几何感来进行空间的分隔，而大窗与月洞又引入了室外的风景。风扶弱柳的纱帘深邃禅意，让场景圆融流动，一张经典的 Y 字椅，至今风靡扶桑，置身其中仿佛可以体会静坐时那种淡淡的喜悦。

◆ 和另一个自己共处一室

黑色在日式哲学里充满了禅意和诗意，本案里的黑色与白色比例相近，较为均衡的比例尺度使得空间更为优雅。除去颜色的干扰，只选用最为本质的木色桌椅，适合禅修与喝茶的大禅椅，体势开张，严谨瘦长。整体空间框架疏落大方，呈现出了当代文人空间，神形兼备的气魄。

◆ 浑穆端庄之气象

利用木材作为空间的结构间架，使整个场景显得质朴安静。四平八稳的建筑空间中，所选的家具框架奇正端美，素工整板文气十足，而且家具腿撇捺有力。整个空间观感平整流畅，气度稳健大方。一卷书，一杯茶，只凭卧室就能让人悠然闲适地度过一整日。

第七节

工业风格

FURNISHING DESIGN

Point

01 风格定义

工业风格起源于 19 世纪末的欧洲，是在工业革命爆发之后，以工业化大批量生产为条件发展起来的。最早的工业风格是指将废旧的工业厂房或仓库，改建成具有居住功能的艺术家工作室。这种宽敞开放的 LOFT 空间内部装饰往往保留了原有工厂的部分风貌，散发着硬朗的旧工业气息。工业风格的产生时间就是巴黎地标——埃菲尔铁塔被造出来的年代。很多早期工业风格的家具，正是以埃菲尔铁塔为变体，其共同特征是金属集合物，还有焊接点、铆钉这些暴露在外的结构组件，后来又融进了更多装饰性的曲线。

◇ 利用废弃的旧仓库改建而成的咖啡馆

早期的工业风格大多数出现在废弃的旧仓库或车间内，同时也常将其运用在旧公寓的顶层阁楼内。现在的工业风格可出现在都市中的任何一个角落，通过设计改造，让室内成为一个充满现代设计感的空间。工业风格的室内空间虽然没有华丽绚烂的装饰设计，却完美地将原始的工业美学融入了居住空间中。

◇ 工业风格办公室的室内装饰基本保留了原有工厂的部分风貌

◇ 工业风格具有代表性的家具之一——Tolix 椅

Point

02 装饰特征

工业风格的空间格局以开放性为主，并常将室内的隔墙拆除，尽量保持或扩大宽敞的空间感，给人一种现代工业气息的简约、随性感。工业风格空间的基础色调以黑白色为主，并搭配棕色、灰色、木色等作为辅助色。整体空间对色彩的包容性极高，因此可用色彩丰富的软装以及夸张的图案对其进行搭配，以中和黑白灰的冰冷感。

工业风格在设计中会出现大量的工业材料，如金属构件、水泥墙、水泥地、做旧质感的木材、皮质元素等。为了强调空间的工业感，室内会刻意保留并利用那些曾经属于工厂车间的材料设备，比如钢铁、生铁、水泥和砖块，有时候旧厂房内的燃气管道，管道灯具或者空调设备都会被保留下来。

工业风格的墙面多保留原有建筑的部分面貌，比如在墙面上不加任何装饰地把墙砖裸露出来，或采用砖块设计，或涂料装饰，甚至可以用水泥墙来呈现粗犷的感觉。在顶面基本上不会有吊顶材料的设计，若出现保留下来的钢结构，包括梁和柱，稍加处理后尽量保持原貌，再加上对裸露在外的水电线和管道线在颜色和位置上进行合理的安排，组成工业风格空间的视觉元素之一；工业风格的地面最常用水泥自流平的处理，有时会用补丁来表现自然磨损的效果。除此之外，木板或石材也是工业风格地面材料的选择。

◇ 保留材质的原始质感是工业风格的最大特征之一

◇ 工业风格空间的格局以开放性为主，尽量保持一种宽敞的空间感

◇ 整体的黑白灰色调营造出冷静与理性的质感

Point

03 设计要素

01

裸砖墙

04

齿轮挂件

02

裸露管线

05

黑白灰基调

03

水泥墙面

06

老旧物件装饰

07

裸露的灯泡

10

铁管件元素家具

08

做旧金属灯饰

11

棉质或者亚麻编织地毯

09

做旧皮质沙发

12

强烈视觉冲击力的装饰画

Point

04 实例解析

◆ 斑驳的童年记忆

顶面斑驳的原木，条条裂纹中，无声地述说着岁月的痕迹。让空间的自然气息表露无遗，搭配上凹凸不平的老砖墙，让置身于钢筋水泥中的现代人，感受到了粗犷的自然气息。家具以简洁的线织园椅与舒适的布艺沙发搭配，和餐厅里的伊姆斯家具相呼应。并且和柜体的峻酷黑白相得益彰。不远处悬挂的几件衣服道出了惬意的生活气息。

新澄设计

◆ 后工业时代的憧憬

顺梁而做的木质吊顶，没有刻意地将梁体包入其中，反而让空间的高差得以保留。充满自然感的同时，还保留了空间的高度。阳光透过百叶帘的间隔，间杂着柔和的室内光源，均匀地照在铺着皮草毛垫的灰色的布艺沙发上。让摆放其中的抱枕都增添了几分灵动。地面的动物皮毛地毯指向餐厅的方向，湖蓝色的铁皮椅和章鱼凳，四平八稳地驻足于厚重的木质餐桌下方。

HAO设计

◆ 清冷水泥灰

混凝土暗哑的立面延伸在整个空间，灰色系的延伸拉长了空间视野。黑色的木门隔断空间，又恰如其分地装点了空间的冷峻气息。自然裸露的梁体和顶部不刻意的装点，保留了空间高大宽阔的气质。水泥灰的地砖利落地分割，将空间感保留到了极致。水泥色和实木兼容的餐桌搭配瓦格纳的Y字椅消减了空间的清冷感。在这空旷沉寂的空间中，听凭内心的指引，弥漫着设计者和居住者的个性和想象。

后现代风格

FURNISHING
DESIGN

Point

01 风格定义

提到后现代风格的概念，先要了解后现代主义，后现代主义一词最早出现在文学上，用来描述现代主义风格内部发生的逆动，特别是指一种对现代主义纯心理的逆反心理，故被称为后现代主义。它出现于 19 世纪 70 年代，作为一种现实的思潮，在 20 世纪 60 年代开始在欧洲大陆真正的崛起，并于 20 世纪 70 年代末 80 年代初，开始成为整个西方世界的流行话语。20 世纪 80 年代末 90 年代初其影响开始传播到第三世界国家。

◇ 澳大利亚悉尼歌剧院是后现代风格建筑的代表之一

后现代室内装饰风格是后现代主义的衍生物，也是其重要标志，它主张现代主义纯理性的逆反心理，对现代主义风格中纯粹性主义倾向的批判。后现代风格的空间设计强调突破旧传统，反对苍白平庸及千篇一律，并且重视功能和空间结构之间的联系，善于发挥结构本身的形式美。往往会以最为简洁的造型，表达出最为强烈的艺术气质，从而为家居空间带来了舒畅、自然、高雅的生活情趣。

◇ 诞生于 20 世纪中叶的纽约贫民窟的后现代风格涂鸦艺术

◇ Newton 桌子

◇ Pixel 像素柜

Point

02 装饰特征

后现代风格的室内设计既强调建筑及室内装饰的历史延续性，同时摈弃传统的逻辑思维方式，探索创新的造型手法，常在室内设置夸张、变形的柱式和断裂的拱券，或把古典构件的抽象形式，以新的手法组合在一起，采用非传统的手法装饰室内空间。

◇ 后现代风格的空间设计强调突破旧传统，讲究创新与独特

艺术性的装饰是后现代风格设计最为典型的特征，主张采用装饰手法来达到空间及视觉上的丰富，将轻松愉快带入日常生活中，使家居生活不再严肃刻板。在后现代风格设计中，可以看到很多文化符号的怪异组合，中式与西式元素的自由组合，新思潮与旧思潮的碰撞。华丽光亮与黯淡无光，平滑与粗糙、古朴与时尚，都被在一个空间内显示出来，以材质、灯光、配饰、颜色等形式，有机地融合为一体。

◇ 夸张和变形的造型设计充满视觉张力，是后现代风格的典型特征

后现代风格的一些设计会给人以一种怪诞感，认为任何事物、任何设计和搭配都是充满了各种动态的可能性。夸张的色彩和造型的设计，表面上看起来好像是一种简单的借用，或者是奇思异想的任意组合，没有章法，不考虑实用，但这样的设计手法反而将人们从简单、机械、枯燥生活中解救了出来，使生活状态变得更加感性丰富。

后现代风格在设计上大量运用特立独行的新材料，铁质构件、玻璃、瓷砖、亚克力、铝材等新工艺，并且注重室内外之间的沟通，竭力给室内装饰艺术制造新意。除了材料的选择与新工艺的运用，后现代风格更强调材料的几何造型、不规则造型，以形成对传统家居装饰的突破。

Point

03 设计要素

01
几何色块

02
黑白色对比

03
高饱和度色彩

04
抽象艺术画

05
个性金属挂件

06
造型夸张的灯饰

07

带简洁线条图案的地毯

08

反光材料家具

09

古典元素变异家具

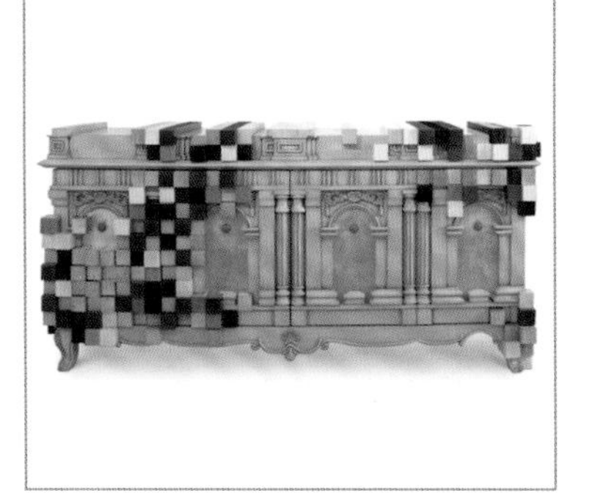

10

不规则流线型家具

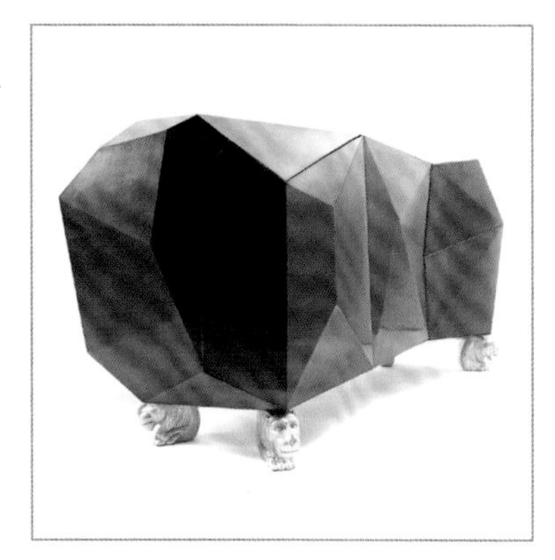

11

夸张抽象的艺术摆件

12

非对称线条墙面或地面装饰

Point

04 实例解析

◆ 凌乱美

曲线复杂多变的灯饰搭配简洁的米色窗帘盒毯子，不规则形状的金属质感床头是点睛之笔，多色彩的结合产生碰撞，有一种独特的高级美。地毯则采用跨度极大的大面积绿色，让整体空间放大。整个空间运用多色彩与复杂的线条变化，打破了现代主义的简洁与单一，打造出另类的凌乱美，视觉上达到了多元化的统一。

◆ 随心随性 DIY

本案借大面积的白色空间来凸显高级灰色金属质感的背景墙，成功地突出了视觉亮点。采用有趣的橘色、浅黄、明黄三款暖色系拼图，为沙发背景和地毯的黑 、深灰 、浅灰的冷色调产生色彩的碰撞。打破了现代风格的装饰规则。随心所欲地在居住空间里利用拼图的元素，向外界传达着居住者特立独行的一面。

◆ 曲线为美

本案利用现代高科技的施工技术，实现了顶面墙面的曲线化处理。不规则化的设计语言，造型的多元化、模糊化、不规则化都在空间里体现得淋漓尽致。设计中大量应用了曲线元素，并将之发挥到了极致。目之所及无处不曲线，曲线代表了柔美，圆滑，也反映了居住者的性格与趣味，极具浪漫主义与个人主义。

第九节

东南亚风格

FURNISHING
DESIGN

Point

01 风格定义

东南亚是一个具有多样统一性的地域。不仅有大陆与岛屿并存、山地与平原同在的地理特点，而且还具备亚热带与热带气候逐渐过渡的自然条件。西方近代文化的传入，让东南亚的传统文化遭到了空前的冲击，其文化发展进入一个全新更替时期。同时，越来越多的华人迁居东南亚，使得中国文化扩大了对东南亚的影响，并且推动了东南亚文化突飞猛进地发展，东南亚风格由此形成。

由于岛屿众多，东南亚风格也糅合了各个不同区域的人文风情，几乎囊括了越南、老挝、柬埔寨、泰国、缅甸、马来西亚、新加坡、印度尼西亚、文莱、菲律宾、东帝汶等 11 个东南亚国家的所有特色。东南亚风格以自身强烈的民族感和散发异域风情的色彩，让人们不出门便能体验到东南亚的异国情调。

早期的东南亚风格比较奢华，一般出现在酒吧、会所等公共场所，主要以装饰为主，较少实用性。随着各国活动往来的交流，东南亚风格家居也逐渐吸纳了西方的现代概念和亚洲的传统文化精髓，呈现出了更加多元化的特色。如今的东南亚风格已成为传统工艺、现代思维、自然材料的综合体，开始倡导繁复工艺与简约造型的结合，设计中充分利用一些传统元素，如木质结构设计的元素、纱幔、烛台、藤质装饰、简洁的纹饰、富有代表性的动物图案，更适合现代人的居住习惯和审美要求。

◇ 东南亚风格无论从建筑还是室内设计，都具有强烈的异域风情

◇ 由于东南亚风格崇尚自然，所以在色彩上多为保持自然的原色调

Point

02 装饰特征

东南亚风格的空间追求自然、原始的装饰，体现出休闲、舒适的设计理念。相比其他家居风格，取材自然是东南亚风格最大的特点。在装饰时喜欢灵活运用木材和其他天然材料，比如印度尼西亚的藤、马来西亚河道里的水草以及泰国的木皮等纯天然的材质。在居住空间使用天然材料搭配，非但不会显得单调，反而会使气氛更加活跃。

东南亚风格吊顶设计通常遵循其天然、环保的自然之美，主要采用对称木质结构的木梁为主，在色彩方面主要分为浅木色系和深木色系两种，深木色系显得沉稳，浅木色系显得更为清爽，但不管是浅木色系还是深木色系，都只是在原木表面涂了一层清漆，并没有人为地利用其来改变木质的颜色，这些材料不仅环保，而且给人一种自然古朴的视觉感受。

◇ 东南亚风格的室内设计善用独具当地风情的色彩和软装营造格调

东南亚风格的墙面大多采用石材、原木或接近天然材质的墙纸进行装饰，有时也会加入当地特色植物造型，如芭蕉叶等。在家具搭配上，其样式与材质都很朴实，例如藤质家具以其独特的质感与透气性深受人们喜爱，并十分适合东南亚当地的气候。此外，东南亚风格善用各种色彩，通过软装来体现空间的绚烂与华丽，使总体效果看起来层次分明、有主有次，搭配得非常适宜。

◇ 现代的东南亚风格室内设计倡导繁复工艺与简约造型的结合，把传统元素作为室内装饰的一部分，以适合现代人的居住习惯和审美要求

◇ 纯天然材质在室内设计中的大量应用是东南亚风格的最大特点

Point

03 设计要素

01

木质吊顶

02

藤编家具

03

木雕家具

04

佛教元素

05

麻质地毯

06

白色纱幔

07

手工铜制品

08

自然材质
灯饰

09

特色动物
元素

10

艳丽丝绸
布艺

11

手工雕刻
木制饰品

12

热带风情的
植物图案

Point

04 实例解析

◆ 现代感的东南亚风情

宽敞的落地窗，搭配通透飘逸的麻纱纱帘，并与宝石蓝的提花丝绒帘身相组合，让空间更显现代优雅。象牙白的皮质沙发，搭配不规则的茶色镜面茶几，以及深色的单人沙发，在团花地毯的映衬下，更具现代感。明艳的泰式靠包与花艺、复古的铜质台灯、金色的佛手摆件，都彰显出了东南亚风格的装饰特色。

◆ 宁静热带风情

莲花作为东南亚重要元素以造型灯带和木格栅的形式出现在墙面上，线条柔美，结合方正层叠的线条遒劲的顶部造型，配以金色的灯光，恍若有了一种庄严之感。藤褐色的家具线条富有节奏感，有条不紊地与室内材质融和为一体。布艺的选择略微跳出锡兰橙为点缀，体现了现代生活富有朝气的生活气息。

◆ 东方韵味

金色的线条灯带，为顶棚空间带来了活力。超高的圆筒形吊灯，则拉近了空间距离。地面上具有东南亚风情的手工雕刻家具，在纯色真丝地毯衬托下，让整体空间更具围合性。独具东南亚尖顶的陈列柜、茶几，与墙面上的装饰花格、线条结合，不仅增加了空间元素的变化，而且寓意吉祥。

地中海风格

FURNISHING DESIGN

Point

01 风格定义

最早的地中海风格是指沿欧洲地中海北岸一线，特别是希腊、西班牙、葡萄牙、法国、意大利等国家南部沿海地区的居民住宅。红瓦白墙、干打垒的厚墙、铸铁的把手和窗栏、厚木的窗门、简朴的方形吸潮陶地砖以及众多的回廊、穿堂、过道。这些国家簇拥着地中海那一片广阔的蔚蓝色水域，各自浓郁的地域特色深深影响着地中海风格的形成。随着地中海周边城市的发展，南欧各国开始接受地中海风格。地中海风格由建筑运用到室内以后，由于空间的限制，很多东西都被局限化了。

◇ 希腊地中海沿岸大面积的蓝与白，清澈无瑕，诠释着人们对蓝天白云、碧海银沙的无尽渴望

◇ 富有浓郁的地中海人文风情和追求古朴自然的基调是地中海风格室内设计的最大特点

地中海风格因富有浓郁的地中海人文风情和地域特征而闻名，同时也是海洋风格室内设计的典型代表，具有自由奔放、色彩多样明媚的特点。虽经由古希腊、罗马帝国以及奥斯曼帝国等不同时期的改变，遗留下了多种民族文化的痕迹，但追求古朴自然似乎成了这个风格不变的基调。在材料的选择、纹饰的描绘以及室内色彩的搭配上，都呈现出对大自然的敬仰。此外，地中海风格还带有浓郁的古希腊传统风情和现代田园气息，让人们在神圣的希腊雅典神话下也能感受到简朴自然的生活。

Point

02 装饰特征

地中海风格的空间设计往往有着很鲜明的特征。空间布局上充分利用了拱形的作用，在移步换景中，感受一种延伸的通透感，能够赋予生活更多的情趣。拱形是地中海，更确切地说是地中海沿岸阿拉伯文化圈里的典型建筑样式。最早是伊斯兰教建筑从波斯建筑中汲取而来的技法。

地中海风格家居在装饰时通常将海洋元素应用到设计中，在大量使用蓝色和白色的基础上，加入鹅黄色，起到了暖化空间的作用。地面可以选择纹理比较强的鹅黄仿古砖，甚至可以使用水泥自流平，墙面可以使用硅藻泥涂刷出肌理感，而顶面则可以选择木质横梁进行设计。地中海风格空间中的家具多数以纯木家具为主，其色彩多采用低彩度、接近自然的柔和色彩，家具线条简单且修边圆润，透露出地中海风格朴实的一面。窗帘、桌巾、沙发套、灯罩等布艺均以低彩度色调和棉织品为主，并常饰以素雅的小细花条纹格子等图案。

马赛克图案也经常在地中海风格的空间中出现，如在客厅背景墙、厨房、卫浴间等空间运用马赛克瓷砖镶嵌、拼贴，并配以小石子、贝类、玻璃珠等素材进行组合，打造独特风情。地中海风格中的马赛克花纹起源于希腊，早期希腊人用黑色和白色的马赛克进行搭配，就已经算是极度奢侈的工艺，过了很长时间才发展到用更小的碎石切割，拼出丰富多彩的马赛克图案。

◇ 利用拱形元素使人感受一种延伸的通透感是地中海风格的一大特征

Point

03 设计要素

01

拱门元素

02

粗糙墙面

03

做旧木梁

04

手工陶砖

05

蒂凡尼灯饰

06

摩洛哥风灯

07

棉麻布艺
沙发

08

做旧
原木家具

09

海洋元素
饰品

10

原生态手工
饰品

11

摩洛哥地毯

12

非洲元素
饰品

Point

04 实例解析

◆ 蓝白魅力

室内设计充分利用原建筑的特点，在两个窗户中间增设装饰壁炉，使其呈现出三段式的西方建筑美感。高贵的象牙白色墙板作为整个背景的打底色，显得典雅端庄。白色的百叶帘在遮挡窗户光线的同时，营造出了淡淡的田园风情。复古的铁艺蜡烛吊灯以及拉丝铜制的落地灯和装饰品细节点缀，使空间呈现出古朴的气质。

◆ 航海文明

粗犷的工业风书架，采用了黑色铁管作为支撑，并搭配深色胡桃木隔板为空间营造出宁静复古的感觉。大小不一的地球仪和世界地图,在书架中从侧面体现出西方的航海文明。蓝白相间的窗帘，独具海洋特色。墙面上蓝色的游泳比赛艺术装饰画，成了整个空间的主角，在色彩呼应的同时丰富了空间装饰的细节。

◆ 原始质感聆风听海

北非地中海装修风格一般选择接近自然的色彩，给人原始质朴之感。房顶采用开放漆木梁的形式，用来模仿原始的建筑结构使整体氛围完善。床头背景采用了北非盛产的灰岩文化石，铺贴墙面突出了地域特色。由于北非地中海城市中随处可见沙漠和岩石，所以土黄色同样常用来搭配室内设计色彩。

第十一节

装饰艺术风格

FURNISHING DESIGN

Point

01 风格定义

装饰艺术风格又称 Art Deco 风格，最早出现在建筑设计领域，起源于巴黎博览会，成熟于 20 世纪二三十年代美国的摩天大楼建设时期，本身是现代工业的产物。典型的例子是美国纽约曼哈顿的克莱斯勒大楼与帝国大厦，其共同的特色是有着丰富的线条装饰与逐层退缩结构的轮廓。国内最早的装饰艺术风格建筑可追溯到上海汇丰银行大楼的内饰，1925 年诺曼底公寓更是装饰艺术风格的惊艳登场。从国际饭店、福州大楼、上海大厦，到国泰电影院、百乐门、美琪大戏院，以及衡山路附近的一些高级公寓，上海成为继纽约之后装饰艺术风格建筑最多的城市。

◇ 具时代意义的纽约帝国大厦是装饰艺术风格的代表作

随着装饰艺术风格建筑的出现与盛行，装饰艺术风格的室内设计也应运而生，作为新艺术运动的延伸和发展，完成了从曲线向直线、趋于几何的转变。装饰艺术风格造型上的全新现代内容，体现出强烈的时代感，是当时的欧美中产阶级非常追崇的一种室内装饰风格。它与现代主义几乎同时诞生，两者都非常强调几何造型，但其区别在于工艺。装饰艺术风格的室内设计鲜明地反对古典主义与自然主义及单纯手工艺形态，主张机械之美的现代设计，以新的装饰替代旧的装饰，在造型与色彩上表现现代内容，显现时代特征。

◇ 位于上海外滩的和平饭店是装饰艺术风格的力作

Point

02 装饰特征

几乎所有的装饰艺术风格建筑，基本均为中心对称的建筑，成为经典建筑有其传统美学的基础。装饰艺术风格的室内设计空间也多以这种对称的手法来表达。哥特式建筑中高耸挺拔的造型，充满了向上升腾的动势，这种特点被装饰艺术风格摩天大楼所继承。建筑中特有的尖拱、肋骨拱、飞扶壁、束柱等形式对装饰艺术风格建筑的设计产生了重要启迪，也成为装饰艺术风格室内装饰设计的重要特征之一。垂直装饰线条，竖向装饰线条，阶梯状向上收缩的造型等，被广泛地运用在室内墙面造型、墙纸及家具设计中。

从建筑立面到室内空间，装饰艺术风格的造型和装饰都趋于几何化的造型。常见的有阳光放射形、阶梯状折线形、V 字形或倒 V 字形、金字塔形、扇形、圆形、弧形、拱形等。无论是公共建筑还是住宅，以这些形状为基本造型要素，运用于地毯、地板、家具贴面，创造出许多繁复、缤纷、华丽的装饰图案。

装饰艺术风格空间注重表现材料的质感、光泽，并善于运用新材料体现出其风格的生命力，其应用的新材料主要有合金材料、不锈钢、镜面、天然漆以及玻璃等。为了使家具体现出奢华的品质感，还会应用一些珍贵的材料，如贵金属、乌木、皮草等材料。除此之外，在装饰艺术风格中，对富有异国特征的材质的运用也非常普遍，如中国的瓷器、丝绸、法国的宫廷烛台、非洲的木雕等，埃及与玛雅等古老文化元素的体现也是其设计特点之一，都能更好地丰富装饰艺术风格的内涵与形式。

◇ 古老东方文化元素

◇ 植物装饰图案家具

◇ 阶梯状向上收缩的造型灯饰

Point

03 设计要素

01

几何图形

04

新材料的运用

02

装饰线条

05

古埃及文化元素

03

地面几何拼花

06

哥特文化元素

07

夸张人像
装饰画

08

特殊材质
镶嵌家具

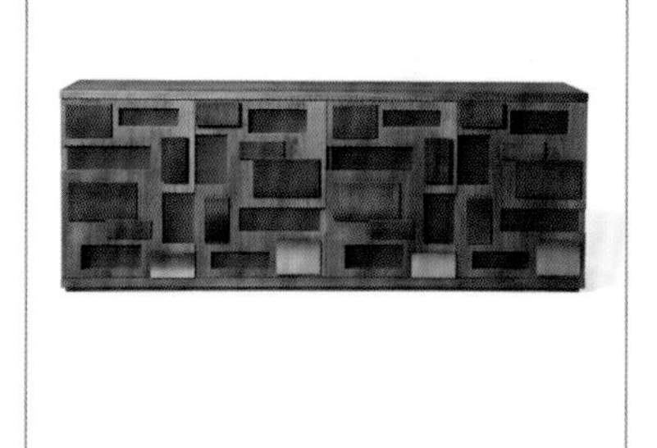

09

金属、玻璃
等奢华材质

10

丝绒真丝等
高贵奢华
布艺

11

金属色与
鲜艳的原色
等绚丽基调
色彩

12

齿轮、金字
塔、放射状
扇形等机械
美学

Point

04 实例解析

◆ 华丽高贵的大师之家

这是一个将对比发挥得淋漓尽致的空间，金色与蓝色，丝绸与丝绒，大理石与玻璃。不同材质之间的碰撞让这个空间擦出了与众不同的火花，一扫视觉上的沉闷，给进入这个家的人带来一场视觉盛宴。黑色亮光金属楼梯，用打破常规的弧形作为装饰，纤细的线条与空间中其他线条相得益彰，于低调简约中散发古典气质，尽显装饰主义的奢华气质。

优加观念设计

◆ Artdeco 的华丽梦幻

黑色与金色的经典搭配贯穿在整个客厅中，为空间调和出一种复古又摩登的魅力气质。带些许灰度的紫色丝绒沙发，在中和了金属与石材硬朗的气质的基础上，又多了一分梦幻般的神秘与柔和。墙面上的金色镂空装饰挂件，更是点睛之笔，与黑色、紫色完美融合，画风趋于抽象。在细节之处能发现饰品和台灯都采用了一些几何元素。

易和极尚设计

◆ 安静浪漫的仲夏夜

玄关大量使用黑色与金色，明显地呈现出了装饰主义的特征。墙面挂画选择欧式复古建筑室内画，充满典雅而怀旧的意味。画框的细节处理也相当到位，黑色木质画框为主题加以描金线条装饰，与黑色烤漆玄关桌加金属镜面装饰有异曲同工之处。空间中，经过艺术化处理的装饰元素，不论是金属镜面还是木质烤漆，都在这里碰撞、融合、共生。

现代简约风格

FURNISHING
DESIGN

Point

01 风格定义

简约主义源于20世纪初期的西方现代主义，是由20世纪80年代中期对复古风潮的叛逆和极简美学的基础上发展起来的。20世纪90年代初期，开始融入室内设计领域。而现代简约风格真正作为一种主流设计风格被搬上世界设计的舞台，实际上是在20世纪80年代兴起于瑞典。当时人们渐渐渴望在视觉冲击中寻求宁静和秩序，所以简约风格无论是在形式上还是精神内容上，都迎合了在这个背景下所产生的新的美学价值观。欧洲现代主义建筑大师Mies Vander Rohe的名言“Less is more”被认为是代表着简约主义的核心思想。

◇ 现代简约风格的室内设计核心就是强调功能与形式的完美结合

由法国建筑师保罗·安德鲁设计的国家大剧院、以中国香港设计师梁志天为代表的大量室内设计作品对于简约风格设计起到了积极的推动作用。两者的共同点都是以完美的功能使用和简洁的空间形态来体现自己对简约风格的理解。虽然在各个时代对简约都有不同的理解，但简约风格的室内设计核心就是强调功能与形式的完美结合，在任何一个室内空间中，人永远占据主体地位，设计的重点应考虑如何合理使用空间功能，以及人在使用任何设施时的方便性。

◇ 现代极简设计体现朴素精致空间

Point

02 装饰特征

现代简约风格的特点是将设计的元素、色彩、照明、原材料简化到最少的程度，但对色彩、材料的质感要求很高。在当今的室内装饰中，现代简约风格是非常受欢迎的，因为简约的线条、着重在功能的设计最能符合现代人的生活。要打造现代简约风格，一定要先将空间线条重新整理，整合空间垂直与水平线条，讲求对称与平衡，不做无用的装饰，呈现出利落的线条感，让视觉不受阻止地在空间延伸。除了线条、家具、色彩、材质，明暗的光影变化则更能突显出空间的质感，展现出空间的内涵。

◇ 室内空间呈现出简洁利落的线条感是现代简约风格的主要特征之一

◇ 现代简约风格对材料的质感要求很高，金属、玻璃、石材等装饰材料已经被广泛应用

现代简约风格的家居设计饱含着现代设计的思潮，其空间设计强调打破传统繁杂虚浮的装饰，反对苍白平庸及千篇一律，并且重视功能和空间结构之间的联系，善于发挥结构本身的形式简约美。往往会以最为简洁的造型，表达出最为强烈的空间气质，从而为家居环境带来了舒畅、自然、高雅的生活情趣。

材质的运用影响着空间风格的质感，现代简约风格在装饰材料的使用上更为大胆和富于创新，例如简约主义的代表瑞士设计师赫尔佐格和德梅隆组合的作品“伦敦泰特现代美术馆”和“鸟巢”主要特征就是体现在对材料的使用上。玻璃、钢铁、不锈钢、金属、塑胶等高科技产物最能表现出现代简约的风格特色。不但可以让视觉延伸创造出极佳的空间感，并让空间更为简洁。另外，具有自然纯朴本性的石材、原木也很适用于现代简约风格空间，呈现出另一种时尚温暖的质感。

Point

设计要素

01

高级灰应用

02

多功能家具

03

直线条家具

04

黑白灰
烤漆家具

05

空间功能
分区简化

06

无主光源
照明

07

灯槽吊顶
的应用

10

无框艺术
抽象画

08

局部墙面
大色块装饰

11

纯色或几何
纹样布艺

09

镜面、玻璃
等反光材料

12

简约抽象
造型摆件

Point

04 实例解析

◆ 黑白画面

黑白灰画面下的书房，略显几分肃静的氛围。黑色的书柜边框包裹着白色斜面的格子书柜，增加了空间的线条感，并且充分满足空间的储藏功能。大圆弧的白色书桌，搭配深色装饰画，让空间形成了鲜明的色彩对比，在灯光的衬托下，显得干净整洁，并且增加了书房的趣味性与装饰性。

◆ 灵动气质

在现代简约的客厅里，采用高光烤漆的组合茶几搭配精致典雅的陈设饰品，渲染出了不一样的客厅环境，同时也让茶几的摆设更有灵动性。香槟金色的亮光布料沙发，在大理石地面及深灰色硬包背景的映衬下，营造出了客厅空间的优雅气质。个性突出的装饰画与左右对称的落地灯组合，活跃了整个客厅的气氛与现代气质。

◆ 装饰画的有机对话

在现代简约的卧室里，不设吊灯的设计让卧室空间更为简洁、雅致。前后背景装饰画的装点，结合淡雅的蓝色床品，在灯光的渲染下，增加了卧室空间的温馨气氛。浅色床旗的点缀与电视柜相呼应，拉伸了空间的视觉感。优雅的蓝色床品搭配跳色腰枕，彰显了空间的浪漫品质。

全案设计基础

软装全案设计师必备

PART

4

第四章 室内空间界面设计

- F U R N I S H I N G -

- DESIGN -

界面即围合室内空间的顶面、墙面以及地面。对于室内界面的设计，既有功能方面的要求，也有造型和美观上的要求。不同的界面设计，能为空间带来不一样的装饰效果与视觉感受。室内空间界面尽管分工不同、各具功能特征，但是同一空间内的各界面设计，应在室内整体装饰风格统一下来后再进行，这是室内界面设计中的基本原则。

第一节

吊顶设计

FURNISHING DESIGN

Point

01 吊顶基本功能

吊顶是指房屋居住环境的顶部造型设计，是室内装饰的一个重要组成部分，除墙面、地面之外，吊顶是围成室内空间的另一个大面。

有些住宅原建筑房顶的横梁、暖气管道露在外面很不美观，可以通过吊顶掩盖以上不足，使顶面整齐有序而不显杂乱。另外，卫浴间和厨房由于有很多的管线，所以大多数人都会大面积使用吊顶，把这些管线隐藏起来。

有的房子因层高过高，整体空间往往显得空阔单调，在这样的空间中设计吊顶，能将高度降低，起到增强空间的平稳感的作用。如果空间层高过低，也能通过吊顶的设计，制造视觉误差，使房间显得更高一些。

顶楼的住宅如无隔温层，夏季时阳光直射房顶，室内温度过高。很多吊顶的材质为装饰石膏板，装饰石膏板的特性使其具有隔热保温的功能，所以可通过吊顶增加一个隔温层，起到隔热降温的功用。在冬天，它又成了一个保温层，使室内的热量不易通过屋顶流失。

有些住宅的原建筑照明线路单一，无法创造理想的灯光环境。通过吊顶，不仅可以将许多管线隐藏起来，还可以预留灯具的安装部位，用来丰富室内光源层次，使室内达到良好的照明效果。

◇ 利用吊顶弱化顶面横梁的压迫感

◇ 利用吊顶造型分隔客厅与书房两个功能区

Point

02 吊顶装饰造型

吊顶的造型设计是体现室内设计风格的重要手段，其中方形和圆形是吊顶设计中最为常见的造型。方形吊顶走线简单明朗，可承托出房屋的方正感；圆形吊顶则能为室内空间增添活泼的元素。除方形和圆形外，吊顶还有着其他丰富多样的造型设计，可根据空间的层高、用途以及装饰风格等具体因素进行搭配。

◆ 平面式吊顶

平面吊顶是指没有坡度和分级，整体都在一个平面的吊顶设计，其表面没有任何层次或者造型，视觉效果非常简单大方，适合各种装修风格的居室，比较受到现代年轻人的喜爱。一般房间高度在 2.75m 的，建议吊顶高度在 2.6m，这样不会使人感到压抑，如果层高比较低的房间也选择满做吊顶，建议吊顶高度最少保持在 2.4m 以上。

◇ 平面式吊顶

◆ 灯槽式吊顶

灯槽式吊顶是比较常用的顶面造型，整体简洁大方。施工过程中只要留好灯槽的距离，保证灯光能放射出来就可以了。吊顶高度最少下来 16cm，一般是 20cm，因为高度留太少了灯光透不出来，而灯槽宽度则与选择的吊灯规格有关系，通常在 30~60cm。

◇ 灯槽式吊顶

◆ 井格式吊顶

井格式吊顶是利用空间顶面的井字梁或假格梁进行设计的吊顶形式，其使用材质一般以石膏板或木质居多。有些还会搭配一些装饰线条以及造型精致的吊灯。这种吊顶不仅容易使顶面造型显得特别丰富，而且能够合理区分空间，如果空间面积过大或者格局比较狭长就可以使用这一类吊顶。为净高在 3.5m 左右的大空间设计井格式吊顶时，可以选择造型更为复杂一些的款式，以加强顶面空间的立体感，并让吊顶的装饰感更加丰富。

◆ 叠级式吊顶

叠级式吊顶是指层数在 2 层以上的吊顶，类似于阶梯的造型，层层递进，能在很大程度上丰富家居顶面空间的装饰效果。迭级吊顶层次越多，吊下来的尺寸就越大，二级吊顶一般往下吊 20cm 的高度，但如果层高很高的话也可增加每级的高度。层高矮的话每级可减掉 2~3cm 的高度，如果不需在吊顶上装灯，每级往下吊 5cm 即可。

◇ 石膏板装饰梁井格式吊顶

◇ 木质装饰梁井格式吊顶

◇ 跌级式吊顶

◆ 线条式吊顶

有些室内空间会以线条勾勒造型作为顶面装饰，如用木线条走边或金属线条的装饰造型等。还有些层高不够的空间，会用顶角线绕顶面四周一圈作为装饰，其材质主要有石金属线条、石膏线条与木线条等。

金属线条比较硬朗，通常应用于表现轻奢气息的空间中。石膏线条的种类相对较丰富，应用也更加广泛。木线条无论在尺寸、花色、种类还是后期上色上都相对具有一些优势。多数实木线条是根据特定样式定做的。一般先由设计师画出实木顶角线的剖面图，拿到建材市场专卖木线的店面就可以定做。

◇ 金属线条式吊顶

◇ 石膏线条式吊顶

◇ 木线条式吊顶

◆ 悬吊式吊顶

悬吊式吊顶是指通过吊杆让吊顶装饰面与楼板保持一定的距离，犹如悬在半空中一样。在两者之间还可以布设各种的管道及其他的设备，饰面层可以设计成不同的艺术形式，以产生不同的层次和丰富空间效果。设计这类吊顶设计时，要注意预留安装发光灯管的距离，以及处理好吊顶与四周墙面材质的衔接问题。

◇ 悬吊式吊顶

◆ 折面式吊顶

折面式吊顶有一个最大的特点就是表面有明显的凹凸起伏，这种吊顶造型层次更加丰富，所以制作比较复杂。由于折面式吊顶凹凸不平的表面可以很好地满足声学要求，因此一般较多地应用于影音室的顶面设计。

◇ 折面式吊顶

◆ 异形吊顶

异形吊顶在造型上不拘一格，使用大量的不规则形，例如弯月、扭曲的圆、多角形等。异形吊顶在施工前，应根据事先画好的图纸做好造型。在施工的过程中，要确保吊顶完成后的安全性和完整性。

◇ 异形吊顶

◆ 圆形吊顶

圆形吊顶适用于不规则形状或者是梁比较多的空间，这样能够很好地弥补格局不规整的缺陷。圆形吊顶在制作过程中，一般会用木工板裁条框出圆形，再贴石膏板，这样做成的圆形会比较持久。施工时，建议将圆弧吊顶在地面上先做好框架，然后安装在顶面，再进行后期的石膏板贴面，简化施工难度。

◇ 圆形吊顶

Point

03 吊顶设计要点

吊顶设计是室内装饰中十分重要的环节，设计前应先确定相应的空间内需不需要做吊顶，如果做吊顶，应该选择什么样的造型、颜色、风格等。

小面积的空间不建议做复杂的吊顶，但可以对吊顶进行适当装饰。例如把吊顶四周做厚，而中间则薄一点，形成立体鲜明的层次，这样就不会感觉那么压抑了。如果空间面积实在太小，顶面也不是很大，那么选择围着顶面做一圈简单的石膏线或者采用石膏板挂边也是一种很实用的方法。有些空间本身有相对完整的横梁，打掉是不可能的，如果不做处理线条会显得太过生硬，所以可以在横梁衔接处，添加一层围石膏边造型。

层高过低的缺陷影响着居家的生活便利和舒适程度，设计时除了利用条纹拉升视觉层高以外，还可利用吊顶造型进行改善调节。例如用石膏板做局部吊顶，形成一高一低的错层，既起到了区域装饰的作用，也在一定程度上对人的视线进行分流，形成错觉，让人忽略层高过低的缺陷。

◇ 石膏板挂边的吊顶形式

◇ 石膏顶角线的吊顶形式

◇ 一高一低的局部吊顶隐形划分区域，同时改善了层高过低的缺陷

由于建筑的外观设计，使得很多别墅或者复式住宅顶层的顶部都是一些异形的，因此有很多业主会简单地把顶面空间处理成平面。其实保留建筑本身的特点，依势而做的顶面会更加大气，并且更有空间感，例如可以按照原结构顶的形状做木梁装饰。工艺上是把木工板做成木梁的框架，外面贴饰面板或木塑型材，也可用松木指接板或者橡木指接板，再根据要求擦成想要的油漆颜色。

◇ 按原结构顶的形状设计的三角梁吊顶

对于安装中央空调的家居空间，吊顶高度一般在中央空调内机的厚度基础上增加5cm左右，假如使用的空调厚度是 19.2cm，那么吊顶高度大概是 24cm 左右。有些复杂的吊顶需要在阴角的地方走些线条，有时还会上下走几圈线条，这时空调进场安装时就要提前把这个高度空出来，一般应与顶面空出 3~5cm 的距离。这样做完吊顶后，空调出风口的上方可以安装 7~8cm 的阴角线。有些吊顶会在出风口的地方安装灯带，这时也需要和安装空调的工人提前沟通，把灯带的位置预留出来。

吊顶高度一般在中央空调内机的厚度基础上增加 5cm 左右

Point

04 空间吊顶设计方案

在室内装饰中，对各个功能区进行吊顶设计是美化空间的主要手段。由于每个功能空间的结构特点及使用需求都有所不同，因此在设计顶面时，要以“因地制宜”的手法，为每个功能区搭配最为合适的吊顶设计。此外，用于制作吊顶的材料品种十分丰富，其特点、功能以及装饰效果也不尽相同。因此在规划吊顶设计时，要根据每个功能空间的实际用途，以及整体空间的装饰风格选择最为合适的吊顶材料。一般情况下，客厅、餐厅、卧室的吊顶在选材上基本要保持一样的风格，以免让产生不协调的装饰效果。而厨房、卫浴间等较为潮湿的空间，其吊顶一般应以耐潮、耐腐蚀的材料为主。

◇ 正方形的玄关可利用吊顶造型与地面的呼应，划分出一个独立的门厅空间

◆ 玄关吊顶设计

大户型玄关的面积比较充裕，通透性好，所以吊顶的样式可以稍微复杂一些，不用担心空间变压抑的问题。如果玄关呈正方形，吊顶可以做比较方正的样式，四周吊顶中间不吊顶。小户型玄关不适合做复杂的吊顶设计，可以在顶面安装一盏特色的灯具，抬头另有一处惊喜。

如果是狭长形玄关，本身就很像过道，特别注意吊顶的高度宜适中，设计时也可以选择和正方形玄关相同的造型。此外，也可将玄关和客厅的吊顶结合起来考虑。如果客厅选择石膏板吊顶加反光灯槽的设计，那么玄关吊顶也可以选择相同的造型。

◇ 狭长形的玄关吊顶可考虑与客厅的吊顶相结合，选择同样造型的吊顶设计

◆ 过道吊顶设计

过道空间的顶面可利用原顶结构刷乳胶漆的形式，也可以采用石膏板做艺术吊顶，并采用木质或石膏阴角线进行收口处理。如果是狭长形的过道，可以通过延伸状吊顶设计，制造转角的美好，给人期待感。例如在吊顶中留出一条直线，具有引人入胜的感觉，转变了视觉的焦点；也可以采用方格状的石膏板吊顶，使得视觉随着顶面延伸，以此为中轴，引开两边空间的景观。

此外，搭配灯带的设计，也是这种狭长形吊顶的装饰技法之一。不仅视觉效果突出，而且灯光的运用可以在视觉上拉宽过道的宽度。

◇ 狭长形过道吊顶中留出一条直线灯带，具有引人入胜的感觉

◇ 狭长形过道在设计吊顶时应注重与地面拼花的呼应，形成整体的美感

◇ 曲线形的吊顶透露着流动的美感，适合异形格局的过道空间

◆ 客厅吊顶设计

客厅是用来招待客人以及日常娱乐的主要场所，因此对于该块区域的装饰设计应当十分注重，为其设置美观大方的吊顶，不仅能对客厅空间起到完美的装饰作用，而且还对家居的整体布局有着一定的影响。

石膏板抽缝就是把石膏板抽成一条条的凹槽，而且可以增加空间的层次感。缝的大小可根据风格和空间的比例来定，抽完缝后还可以再刷上符合家居风格的乳胶漆颜色，既经济又环保。

为了呈现回归自然的家居装饰理念，乡村风格的空间里往往会采用大量源于自然界的材料，打造出休闲清新的家居环境。比如在客厅的顶面加入装饰木梁的运用，可以使加强空间中的自然气息，使之更具生活感。

在一些欧式或新古典风格的客厅中，如果空间的层高足够，那么运用多层线条造型吊顶会是一个不错的选择，可以增加顶面设计细节，从而丰富空间的层次感和立体感。

◇ 层高足够的欧式客厅空间可运用多层线条造型吊顶增加顶面设计细节

◇ 石膏板抽缝的吊顶形式

◇ 乡村风格客厅顶面通常会加入装饰木梁的运用

◆ 卧室吊顶设计

卧室吊顶在材质的搭配上，应该尽量少用或不用金属以及镜面等元素，避免产生清冷、生硬的空间氛围。此外，在色彩上应以温馨淡雅的颜色为宜。

灯槽吊顶的设计感和装饰性比较强，是卧室空间中最为常见的顶面造型，吊顶灯槽不只是一条漫反射的光带，还可以提高吊顶的完整性、通透性和装饰性。

无主灯设计是现代风格卧室顶面的常见装饰手法，能为空间带来一种极简的视觉效果。但这并不等于没有主照明，只是将照明设计成了藏在吊顶内的一种隐式照明。

◇ 顶面无主灯的装饰手法遵循了见光不见灯的照明设计理念，让空间氛围更加温馨

◆ 视听室吊顶设计

影音室需要做一些专业隔声吸音材料进行声学处理才能保证房间内的声音。一般用于影音室顶面的吸音材料主要有木质槽条吸音板和吸音软包。此外，如果影音室的吊顶部分有悬挂音响设备，就需要在吊杆与楼板的连接处加装减震器，防止音响低频振动声音通过吊杆往楼上传播。

◇ 视听室吊顶设计注重吸音效果，布艺硬包是不错的选择

星空吊顶又称光纤满天星星空顶，是家庭影音室中常用的吊顶设计，以其时尚前卫，深具个性魅力的独特效果，实现了科技与艺术的完美结合。星空吊顶的做法很简单，只要顶面整体吊平顶，在吊顶内部安装光源控制器和光纤，在吊顶上打小洞，将光纤穿过来，最终完成后贴顶剪短，通电后就是星空顶面了。

◇ 星空吊顶

◆ 餐厅吊顶设计

很多小户型公寓房的户型结构，大都是餐厅与客厅处在同一个空间的设计，在进行吊顶设计的时候，通常会采取餐厅与客厅一体吊顶形式，这样可以使整个餐厅和客厅空间成为一个有机的统一整体，增加室内的视觉空间感。有些客餐厅之间没有间隔，而且面积较小不好摆放家具，这时可直接在空间分界的地方用明显的吊顶造型或线条进行分隔。

餐桌上方有横梁是很多公寓住宅存在的难题。如果横梁又宽又深而且位置突出，为了餐厅整体的美观，会顺着横梁做一边的封顶。但对于面积较小的小户型来说，比封顶更好的做法是虚化。首先，如果这个横梁又宽又深，不妨在横梁周边做一些渐进式的层次进行弱化，更多地把它看成一个独特的造型；其次，如果横梁的跨度较大，做造型动工太大，那么也可以考虑一下隐藏法。隐藏法并不是完全封顶，而是用层板压梁，配合间接灯光，就可以轻而易举地虚化隐藏住横梁。

◇ 餐厅与客厅的吊顶连成一体，有效放大整体空间感

◇ 利用客餐厅中间的吊顶造型两个空间的分区

◇ 如果餐厅上方出现横梁，可顺着横梁在旁边做几根同样大小的装饰梁，形成一个整体的装饰造型

◇ 餐桌上方的横梁通过隐藏法的设计方式进行虚化，并且与墙面造型形成了和谐的呼应

◆ 厨房吊顶设计

厨房油烟比较重，在考虑设计吊顶的时候，建议能够选择一些比较容易清洁的材料，日常清洗的时候也更加方便。铝扣板和 PVC 扣板的厨房吊顶设计比较常见，此类材质不仅外观效果良好，更具有防火、防潮、易安装、易清洗等特点。相较于传统设计来说，集成吊顶简约大气，而且还能够更好地利用有限的空间面积，让整体的厨房设计显得落落大方，也是比较契合现代家居环境的设计理念。

◇ PVC 吊顶

◆ 卫浴间吊顶设计

卫浴间作为一个比较小的空间，它的顶部一般都会有沉箱，若不设计吊顶的话，整个空间会显得比较空洞，而且顶部管道与沉箱也会显得不和谐、不自然。安装铝扣板是较为常见的装饰方式，这种设计方便拆卸，有利于卫浴间后期的检修。可以考虑把整个卫浴间的顶部做平的吊顶，这样的设计整体性比较强，视觉效果也比较好。若不想整个空间都做平的话，也可以根据卫浴间的顶部管道、沉箱位置的情况来做迭级吊顶造型。中间区域吊顶做平，在四周留下一圈灯带的位置，这样的整体造型也非常大方，而照明设计也很优雅自然。

墨菲设计

◇ 铝扣板吊顶

◇ 防水石膏板造型的灯槽吊顶

第二节

墙面设计

FURNISHING DESIGN

Point

01 墙面风格搭配

◆ 现代风格墙面

现代风格的室内空间墙面很少强调肌理材质表现，更注重几何形体和艺术印象。从传统的材料扩大到了玻璃、金属、硬包以及合成材料等，并且非常注重环保与材质之间的和谐与互补，将这些材料有机地搭配在一起，呈现一种传统与时尚相结合的现代空间氛围。

在偏轻奢感的现代风格空间中，如果将金属线条镶嵌墙面之上，不仅能衬托空间内强烈的现代感，而且还可以突出墙面的竖向线条，增加墙面的立体效果，独特的金属质感能给现代风格的家居空间加分不少。

许多追求个性的室内空间为了制造与众不同的氛围，往往会用水泥墙制造视觉冲击感。毫无疑问，把水泥墙用在家里也是体现个性的一种方式，越是粗糙斑驳，越是张扬有型。

◇ 金属线条镶嵌墙面的设计凸显轻奢感

◇ 灰色系硬包适用于现代风格的卧室床头墙

◇ 镜面材料是现代风格墙面的特征之一

◆ 乡村风格墙面

乡村风格的墙面装饰材料崇尚自然元素而且不做精雕细刻，常运用天然木、石、藤、竹等材质质朴的纹理装点空间，一定程度的粗糙和破损反而能体现乡村风格主题。乡村风格墙面常选用天然石材等自然材质，体现了对自然家居及生活方式的追崇。

裸露的砖墙也是乡村风格中极具视觉冲击力的元素，原本应该在露天中的简陋墙面被引用到室内，赋予了乡村风格家居不加修饰的自然感。

此外，乡村风格的空间一般会使用偏自然色的乳胶漆，尤其偏爱暖色调的乳胶漆，比如在墙面涂刷棕色、土黄色的乳胶漆可以营造自然清新的田园气息，同时提升整个家居空间的舒适度。

◇ 裸露的砖墙是田园乡村装饰风格的标志之一，传递出怀旧而复古的情愫

◇ 质感粗犷的天然石材带来一种与生俱来的淳朴和乡村格调

◇ 表面磨损做旧的木质以及藤竹等是乡村风格墙面的常用装饰材料

◇ 棕色系的墙面和泥土的颜色相近，与做旧的铁艺床、原木吊灯等元素形成完美搭配

◆ 中式风格墙面

中式风格常常会在墙面运用一些饱含中式特色的元素。如在墙面上安装木花格或木格栅不仅保持了中国传统的家居装饰艺术，而且还为其增添了时代感。在实际运用时，经常把木花格或木格栅贴在镜面上，并且呈左右对称设计的造型。

中式风格的墙面常用布艺硬包增添空间的舒适感，同时在视觉上柔和度也更强一些。此外，还可以在墙面上选择使用刺绣硬包，刺绣所带来的美感，积淀了中国几千年来的文化传统。

花鸟画案的手绘墙纸是中式风格中永远不会过时的空间装饰主题，常被运用在沙发背景墙、床头背景墙以及玄关区域的墙面。

◇ 左右对称的木格栅造型

◇ 花鸟画案墙纸

◇ 刺绣硬包

◇ 木格栅贴银镜的造型

◆ 欧式风格墙面

欧式风格的墙面设计给人以端庄典雅、高贵华丽的感觉，并且具有浓厚的欧洲文化气息。墙纸是欧式风格墙面最为常见的装饰，其图纹样式富有古典欧式的特征，其中以大马士革纹样最为常见。

车边镜是欧式风格中常见的墙面装饰，可以增强家居的时尚感及灵动性，在带来装饰美感的同时，也在视觉上延伸了家居空间。

实木护墙的质感非常真实与厚重，与欧式风格的空间气质极为搭配。而简欧与新古典风格的装饰更为简洁，墙面常用白色护墙板勾勒出欧式典雅的艺术美感，让墙面也成为室内空间中一道亮丽的风景。

◇ 大马士革纹样墙纸

◇ 中空型的护墙板

◇ 墙面铺贴菱形车边镜的造型

◇ 实木护墙板的床头墙面

Point

02 墙面配色法则

在装饰前最好不要急于敲定墙面颜色，先想清楚室内的整体风格，从收集的图片灵感中缩小范围，集中到一种风格上。还可以反过来，先排除掉自己最不想用的颜色。例如北欧风格的墙面以灰、白、米色等中性色彩为主。深沉的棕色、绿色，可以营造出传统古典的味道。

通常一种颜色，在明暗、深浅、冷暖、饱和度等方面上稍做变化，就会给人不一样的感觉。比如白色的墙面，就有很多种细微差别，带一点浅黄的米色调让人觉得温暖亲和，而灰白色则给人以清冷中性感。所以在选择墙面颜色时，多拿色板做对比，体会气氛、风格、心情的不同。

◇ 深绿色墙面搭配半高的实木护墙板营造出传统古典的味道

◇ 即使是同一种颜色，只要在纯度或明暗方面稍做变化，同样可以呈现出丰富的视觉效果

◇ 米白色的北欧风格空间墙面呈现清新感

墙面颜色的选定，还要考虑到由于气温等因素为环境带来的影响。比如，朝南的房间，墙面宜用中性偏冷的颜色，这类颜色有绿灰色、浅蓝灰色、浅黄绿色等；朝北的房间墙面则应选用偏暖的颜色，如奶黄色、浅粉色、浅橙色等。

此外，光线的冷暖也会影响墙面色彩，白天的阳光和黄昏的阳光色温不同。所以可以将挑选的颜色刷在墙上，在不同的时间到现场观察，倘若墙面色彩在上午和傍晚的效果差距较大，就得适度调整。

◇ 朝北的房间墙面则应选用偏暖的颜色

◇ 朝南的房间墙面宜选用中性偏冷的颜色

墙面色彩的效果与室内的光线好坏息息相关，空间的采光会影响眼睛对色彩的感受。同样的墙面颜色在阳光直射下与在光源分散的情况下会有天差地别的表现。光线太过充足，墙面颜色的饱和度就会降低，很像曝光过度的相片；当光线不够，墙面色彩就会看起来了无生气。

墙面的颜色能影响房间的氛围，浅色的墙面让房间有开阔感，显得清爽。深色的墙面让房间有紧凑感，更亲切。

墙面并不是只能涂一种颜色，渐变色、多色混搭，能给家里带来全新的感觉。多色搭配时，最好选择基调相近的色彩，这样能保持风格的一致性，同时又更富有层次感。另外，搭配色不宜过多，否则很容易显得杂乱而没有主题。双色或多色搭配时，要注重色调的协调感，可以是相近色，也可以是互补色，并且颜色最好不要超过三种。

很多人会认为色彩丰富的空间更有美感，但丰富的色彩并非要全部来自墙面，当地面、家具、地毯、花卉、饰品等组织到一起的时候，色彩自然有机会丰富起来，而如果墙面的色彩过多，这种堆积起来的色彩就不是丰富，而是混乱了。应该将所有的墙面理解为室内陈设的背景色，除非特意制造动感的效果，否则还是将背景处理得简洁一些，才能使室内陈设有一个清晰的背景。

◇ 上浅下深的乳胶漆墙面，在视觉上形成平衡感

◇ 墙面采用邻近色的搭配方案，通过明度的差异制造层次变化

◇ 墙面采用多种色彩的搭配，通过统一明度形成和谐的视觉感受

Point

03 墙面纹样应用

在室内空间的墙面设计中，除了色彩的运用外，还可根据整体的空间装饰风格搭配适宜的装饰纹样，为空间注入更为灵动的生命力。墙面纹样的种类很多，如传统古典纹样、现代几何纹样、植物花卉纹样、吉祥动物纹样以及材料本身的肌理纹样等都可以选用。

传统古典纹样分为欧式古典纹样和中式古典纹样，指的是由历代沿传下来的具有独特民族艺术风格的纹样。现代几何图案在墙面装饰上有着广泛的应用，是现代风格装饰的特征。植物花卉纹样是指以植物花卉为主要题材的图案设计。现代装饰设计中对动物纹样的应用较为广泛，各种兽鸟纹为墙面带来了不同的图案表情。材料肌理是指墙面装饰材质表面的组织纹理结构，即各种纵横交错、高低不平、粗糙平滑的纹理变化，是表达人对设计物表面纹理特征的感受。

◇ 欧式古典纹样——佩斯利纹样

◇ 中式古典纹样——祥云纹

◇ 现代几何纹样

◇ 植物花卉纹样

◇ 吉祥动物纹样

◇ 材料肌理纹样

墙面运用纹样装饰比用单纯的色彩更能改变空间效果和表现特定的气氛。在墙面上设计纹样，要考虑纹样的尺寸与空间以及墙面的大小比例是否匹配。由于大型纹样的视觉效果很强烈，容易使空间显得狭小，因此不宜在面积较小的墙面上使用大型的纹样。如果在很大的墙壁上采用微小的纹样，则达不到应有装饰效果。此外，还应考虑在带有纹样的墙面前，要放置多少家具，以及家具的摆放会不会影响墙面纹样的完整性以及装饰效果等。

但是由于墙面面积太大，因此必须考虑墙面图案与室内整体性的关系，过多的重复图案会让人产生视觉上的疲劳，太大的图案也容易破坏整体性。一般来说，凡是与室内家具协调的图案都可以用在墙面上，这样是为了达到室内的整体性。但有时在墙面装饰中也可以大胆采用趣味性很强的图案，以产生强烈的个性，既可以形成室内空间的视觉中心，又可以给人留下深刻印象。

同一种墙面不同色彩的图案可以营造出截然不同的空间氛围

◇ 灰色与白色为主的中性色图案带来现代简洁的视觉印象

◇ 提高纯度与明度的粉色调图案适合表现柔和、甜美而浪漫的空间

◇ 降低纯度与明度的暗色调图案给人沉稳和厚重的感觉

◇ 在色彩相对素雅的空间中，富有装饰性的图案往往可以成为室内的视觉中心

◇ 室内墙面图案应与家具、布艺以及其他软装元素的色彩形成呼应

墙面的纹样搭配，对塑造室内气氛有着举足轻重的作用。通过对墙面纹样的选择处理，可以在视觉和心理上改变房间的尺寸，能够使室内空间显得狭窄或者宽敞。

如在墙面搭配长条状的花纹，能起到纵向引导视线的效果，让空间在视觉上显得更高，从而弥补了层高不足的缺陷，因此非常适合在层高较矮的房间使用。如果房间原本就比较高挑，则可选择在墙面搭配横条纹图案，由于横条纹可以让视线向左右延伸，因此能在视觉上产生放大空间的效果。色彩鲜明的大花纹样，可以使墙面向前提，或者使墙面缩小，会让房间看上去更小；色彩淡雅的小花纹样，可以使墙面向后退，或者使墙面扩展，使房间显得更加宽敞。

◇ 竖条纹可以增加视觉高度，反之，横条纹可以横向拉升空间感

◇ 色彩鲜明的大花图案让墙面有前进感，使得房间显得更小

◇ 色彩淡雅的小花图案让墙面有后退感，使得房间显得更加宽敞

Point

04 空间墙面设计方案

◆ 客厅墙面设计

客厅墙面的设计一般分为电视墙与沙发墙两个方面，沙发墙的装饰相对较为简单，最常见的做法是安装搁板摆设小工艺品，或根据墙面大小悬挂不同尺寸的装饰画；而电视墙是客厅装饰的重点，影响到整个室内空间的装饰效果。

层高偏矮的电视墙不适合混搭多种材质进行装饰，单一材质的饰面会让墙面显得开阔不少。设计时可以巧用视错觉效果解决一些户型本身的缺陷。例如在相对狭小和不高的空间中，在电视墙上增加整列式的垂直线条，可以有效地让居住者感受到空间被“拔高”了。

很多挑高空间会具有别墅的气质。所以背景墙在整个设计中会比较重要。但是也不宜过于复杂，应结合整体风格做造型。建议墙面的下半部分做得丰富一些，上半部分过渡到简洁，这样会显得比较大气，而且不会有头重脚轻的感觉。

◇ 利用竖向的线条拉升空间的视觉高度

小客厅的电视背景尽量不要占用整面墙壁，在设计时应运用简洁、突出重点、增加空间进深的设计方法，比如选择后退感的色彩，选择统一甚至单一材质的方法，以起到视觉上调整完善空间效果的作用。

◇ 面积不大的空间墙面常选用单一材质的装饰方式

◇ 挑高空间的电视墙注意上视觉平衡，避免出现头重脚轻的情况

◆ 过道墙面设计

过道是一个相对较为狭窄封闭的功能空间，因此其墙面不宜做过多装饰和造型，以营造出一种大气宽敞的视觉感。许多户型一开门就直对过道尽头的端景墙，因此这面墙是人们最先看到的风景。通常会在端景墙的前方摆放用来放置物品的台子形成端景台，其主要作用就是给过道造景。在端景台上摆放一些花瓶、台灯、装饰画或其他摆件。

◇ 装饰型过道端景

◇ 收纳型过道端景

实用性是过道墙面设计的重中之重。设计时，可以根据过道的宽度与长度对墙面进行合理的利用，如果宽度足够的话可以定制储物柜。但注意过道两侧的收纳家具最好都应该以凹嵌式为主，其外边应与相邻的墙面平行。布置后的过道必须要有一个通畅的行走空间，而且从外部望去，其两侧应无突出之物，否则不仅让人感觉压抑，而且还会影响到实用功能。

如果家里有小孩，不妨把过道的大白墙改成黑板墙，给孩子创造一个发挥绘画能力的小空间。而且相比大白墙，黑板墙的装饰效果充满童趣。

◇ 大面积的黑板墙描绘了轻松快乐的画面，显得活泼有趣

◇ 过道墙上的收纳家具最好都应该以凹嵌式为主，其外边应与相邻的墙面平行

◆ 卧室墙面设计

卧室中的墙面可分为床头墙和床尾墙两部分，其中床头墙是整个卧室空间的装饰重点。卧室中的墙面可分为床头墙和床尾墙两部分，其中床头墙是整个卧室空间的装饰重点。卧室的墙面应以暖色调和中性色为主，过冷或反差过大的色调尽量少用之外，还要考虑和家具、配饰的色彩、款式是否相适应。此外，卧室墙面颜色的选择还要根据空间的大小而定。大面积的卧室可选择多种颜色来诠释；小面积的卧室墙面颜色最好以单色为主，单色的卧室会显得更宽大，不会有拥挤的感觉。

除了墙纸之外，软包或硬包是床头背景墙出现频率最高的装饰材料。这种材料无论配合墙纸还是乳胶漆，都能够营造出大气又不失温馨的就寝氛围。在设计的时候，除了要考虑好软包本身的厚度以及墙面打底的厚度外，还要处理好相邻材质之间的收口问题。

为了体现卧室空间的装饰风格，很多人会选择在床头背景墙设计出护墙板的造型。设计时应事先确定好床的尺寸，可以在后期卧室墙面的设计和施工中避免很多不必要的麻烦，比如床头两面插座的排布一般有一些常规的高度尺寸，然而美式风格的床相对都比较高，如果还是按照常规尺寸排布的话，将来很可能会被家具挡住，那样就大大影响了使用。

◇ 中性色通常是卧室墙面色彩最常见的选择之一

◇ 床头背景墙设计护墙板造型时应事先确定好床的尺寸

◇ 硬包或软包墙面质地柔软，适合营造卧室空间的温馨感

◆ 餐厅墙面设计

在装饰餐厅墙面时，要注意是否和其他空间相连，如果墙后面的空间是厨房或者是卧室，做基层处理的时候最好多做一层防水，避免墙面返潮，出现墙面漆料蜕皮脱落的情况。如果餐厅和客厅相连，可把餐厅一面墙和顶面做成连贯的造型，既可以营造餐厅的氛围，也可将本来相连的客厅从顶面和立面不加隔断地巧妙划分，且不阻碍视线。

如果觉得收纳空间不够，可考虑在餐厅的背景墙上做整面的收纳柜，并把局部掏空，既可充当展示背景，同时又有储物功能，可谓是一举多得。

镜面是餐厅空间里十分讨巧的装饰材料。有些餐厅空间的格局较为狭小局促，如果将餐桌靠墙摆放，容易形成压迫感。这时可以选择在墙上装一面比餐桌宽度稍宽的长条形状的镜子，这样不仅能消除靠墙座位的压迫感，而且还可以增添用餐时的情趣。

◇ 镜面应用在餐厅背景墙除放大视觉空间的作用之外，也有丰衣足食的美好寓意

◇ 利用餐厅背景设计整面的收纳柜，具有开放式展示与封闭收纳双重功能

◇ 墙面装饰画与餐桌摆饰在色彩上的呼应，可给空间带来和谐整体的视觉效果

◆ 厨房墙面设计

厨房墙面的选材，应首先考虑到防火、防潮、防水、清洁等问题。灶台区域的墙面离油烟近，容易被油污溅到，因此可以选择容易清洁的墙砖进行铺贴，其中以品质较好的哑光釉面砖为首选。尺寸大小也是厨房墙砖需要考虑的重要因素之一。市面上常见的墙砖规格在 300mm × 450mm 至 800mm × 800mm 之间。也可以选择大规格的瓷砖进行加工切割从而达到理想的效果，而厨房的面积一般比较小，最好选择 300mm × 600mm 的墙砖，这样既不会浪费墙砖又能保持空间的协调性。

如果想在厨房的墙面做一些瓷砖铺贴上的变化，在设计时也不能太过随意。尤其是花片的位置要结合橱柜的方案考虑，比如侧吸油烟机就不适合在灶台处贴花片。此外，还需要算好图样的尺寸，以保证瓷砖花片的完整性。

在设计腰线时，应该根据橱柜算好高度，才能让腰线保持连贯不间断。橱柜的高度可以根据使用者的身高进行定制。台面的离地高度，加上台面靠墙的后挡水条的高度，才是腰线最下端离地的最小距离。

◇ 利用竖向混铺的彩色条砖作为腰线，设计时应注意合理的高度

◇ 利用花砖拼贴成富有艺术感的画面，注意保证瓷砖花片的完整性

◇ 白色的厨房墙面给人以清爽感，在视觉上也可以增大空间感

◆ 卫浴间墙面设计

瓷砖是卫浴间墙面装饰使用最多的材料。在搭配时，应尽量选择浅色，或者采用下深上浅的方式来铺设，以增强小空间的稳定感。如果空间比较小，可以选择铺贴小块的瓷砖，采用菱形或者不规则的铺贴方式，在视觉上拉大空间感。

如果想要改变传统的设计，只要把淋浴房的墙面用墙砖贴到顶就可以，像干区、浴缸区、马桶间等水溅到墙面不是很高的区域可以考虑用墙砖贴到 1~1.2m 的高度。上半部分采用除墙砖类以外的材料进行装饰，如常见的墙纸以及乳胶漆等，这样既节约成本，也能形成独特的效果。

卫浴间的墙面装饰腰线是比较常见的一种做法，传统的腰线高度大约在距离地面 0.6~1.2m 的位置。不过，空间布局较大的卫浴间可适当降低腰线的高度，使空间层次感更强。而小户型的卫浴间可提高腰线的高度，使空间看起来更加修长。此外，还可以采用双腰线或多条腰线丰富空间的变化。

◇ 卫浴间腰线的高度宜尽量高过盥洗台，低于窗台

◇ 以下深上浅的方式铺贴墙砖，可以增强小空间的稳定感

◇ 干区的下部墙面铺贴墙砖，上部的墙面涂刷防水漆

腰线的高度很有讲究，如果腰线高过窗台，在窗户处就会断掉，没有连续性；腰线低过台盆的后挡水高度，就会被盥洗台遮住，如果有些立体腰线还会影响盥洗台的安装，所以腰线的高度宜尽量高过盥洗台，低于窗台。

第三节

地面设计

FURNISHING DESIGN

Point

01 地面设计重点

人们对空间的感知和体验，是直接通过视觉感受来获得的。而室内地面作为室内空间最为重要的界面形式，不仅要承载人与物的荷载以及交通，同时还应满足人的审美及心理需求。

在设计时，首先应满足其功能上的要求，地面的设计形式、范围以及大小都能由功能决定。此外，需坚固耐久，能经受使用与磨损，同时还必须与整个空间相协调，以引导人们的审美方向。在室内设计风格趋于多元化的今天，地面设计除了要满足功能需求外，更应充分考虑室内设计的整体风格及装饰材料的运用，以达到与室内空间性质、装饰氛围相协调的目的。

室内地面设计首先应考虑其功能性，地面的形式、形状、范围、大小等都是由功能决定的。其材料和构造应根据各个功能区的使用要求和装饰需求加以选择。在走动较为频繁的过道可以选用美观、耐磨并易于清洁的材料，如花岗石、水磨石等；客厅、书房、卧室等长时间逗留或要求安静的空间，则可选用具有良好消声以及触感柔和的材料，如木地板、地毯等。而厨房、卫浴间应选择耐水、防滑、易于清洗的地面材料，如玻化砖、马赛克等。

◇ 顶面与墙面均为白色的空间，地面可铺贴深色且纹理感较强的材料

◇ 在开放式的空间中，可利用地面拼花划分出不同的功能区

在设计时，还应考虑地面的导向性，一般在玄关、过道等空间内采用导向性的构图方式，使居住者根据地面的导向从一个空间进入另外一个空间，特别对于一些较隐秘的空间，其作用更大。

在地面设计中，要注意其基面与整体的一致性，由于地面与室内的陈设物是图与底的关系，地面仅仅起到烘托气氛的作用，因此在色彩的应用方面应注意衬托作用，如家具颜色深，地面色彩则淡一些，反之则深一些。同时在设计时地面色彩不可太多，以免影响空间的整体效果。

此外，在一些大型的室内空间，或者有特殊功能要求的空间，地面的形态处理还可以利用室内地面的高差变化来满足不同的功能要求，为大空间营造更为丰富的空间形态。

◇ 地面装饰的要点是起到衬托陈设物的作用，从而烘托室内整体的氛围

◇ 过道地面大多采用导向性的构图方式

◇ 地面上的装饰纹样也可表现出空间的风格特征

◇ 地面装饰时应注重与顶面、墙面等其他立面的呼应

Point

02 地面配色法则

在规划地面色彩搭配方案时，应将地板、地毯以及落地家具等元素考虑在内。此外，还要考虑到地面与墙面在配色上的协调性，让整体空间形成视觉上的稳定感。地面不宜选择与家具太近的颜色，以免混乱视线，影响家具的立体感与线条感。

地面色彩一般要深于墙面，这样可以使墙面与地面界线分明、色调对比明显。如光线明亮的房间，选用较深的地面颜色；而若是光线较暗的房间，宜选用略浅的地面颜色会更加适合。此外，改变地面的颜色也可以改变房间的视觉高度，浅色的地面让房间显得更高，深色地面让房间显得更加稳定，并且把家具衬托得更有品质，更有立体感。

若是空间相对较小，其地面不适合选择过深的颜色，原因在于深色的地面具有收缩视觉的特点，会令原本就不大的空间显得更加狭小，不利于空间的视线扩展。在这种情况下，要注意整个室内的色彩都要具有较高的明度。若是空间较大的居室，对于地面色彩会有更多的选择余地。装饰地面的时候，可以通过深色地面来营造沉稳感，同时也可利用浅色地面来突出空间的活跃感。

◇ 面积较大的空间铺设深色地面带来视觉收缩感

◇ 做完整的地面色彩搭配方案时应将地板、地毯以及落地家具等元素考虑在内

◇ 白色地面具有膨胀感，并且给人空间层高拔高的视错觉

Point

03 地面纹样应用

装饰纹样的运用，为地面创意设计提供了创作的源泉。在为地面搭配装饰纹样时，应该遵循一定的美学理论和设计原则，以打造更为完美的地面装饰效果。

家居空间的地面纹样通常分为三种，一种强调纹样本身的独立完整性，从而界定出一个独立的空间；另一种强调纹样的连续性和韵律感，具有一定的导向性和规律性，多用于玄关、走道及常用的空间；此外，还有一种强调纹样的抽象性，自由多变，自如活泼，常用于不规则或布局自由的空间。

地面纹样与平面形式和人体尺度之间也有一定的关系。完整连续的纹样可以提升空间的完整感与统一感，但纹样的强度与空间尺度关系应形成和谐的比例关系。光洁度高的地面能够有效地提升空间高度，但带有很强立体感的地面纹样，不仅能够活跃空间气氛，体现独特的空间气质，而且能使空间在视觉上显得更加充实丰满。

◇ 界定出独立空间的纹样

◇ 强调连续性和韵律感的纹样

◇ 自由多变的抽象型纹样

Point

04 空间地面设计方案

除墙面外，地面就是室内占据面积最大的界面了。由于地面的装饰设计花费较高，很多人会选择通过简单的铺设地砖来装饰地面，这样的设计手法虽然较为保守安全，但却无法展现室内空间的气质与魅力。因此，也有一些居住者不满足于普通的地面设计样式，想通过地面设计来凸显整个室内空间的装饰效果，如为地面加装波打线以及设计丰富的拼花图案等。

◇ 中性色的客厅空间中，可利用对比强烈的黑白色地毯凸显视觉重点

◆ 客厅地面

客厅的地面装饰是室内设计中非常重要的一部分，其设计应以保持宽敞明亮、舒适自然为原则。由于客厅中所要陈设的家具较多，因此如果客厅面积较小，不建议在地面设计波打线，因为家具的摆放会挡住波打线，不仅发挥不出其应有的装饰效果，而且会让空间看起来更为狭小局促。

◇ 客厅地面设计以保持宽敞明亮、舒适自然为原则

◇ 客厅地面的波打线与吊顶形成造型上的呼应，具有圆满的寓意

◆ 过道地面

在室内空间中，过道是唯一没有活动家具的区域，因此在为过道地面选择装饰图案或设计拼花时，应注意视觉效果的完整性和对称性。此外，由于走道空间在整体家居中属于从属地位，因此其地面拼花应尽量简约干净，以免形成喧宾夺主的感觉。

◇ 过道地面的拼花应保证视觉效果的完整性和对称性

◆ 玄关地面

玄关是家里使用频率最高的空间之一，因此，其地面的材料要具备耐磨、易清洗的特点。如果是面积较大的独立玄关，建议做一圈边线，会让整体空间显得更加高档，而且斜铺过渡收边的效果也会更好。在设计风格上，应根据整体的室内装饰风格而定。如果想让玄关与客厅的地面有所分别，可选择铺设与客厅颜色不一的地砖，在视觉上将其分隔开来。

◇ 玄关地面材料应注重耐磨性，设计时可利用色彩和纹样将其与其他空间分隔开来

◆ 卧室地面

卧室的地面设计应以营造舒适的空间氛围为主，以便为居住者提供更为优质的睡眠环境。大多数家庭都会选用木地板作为卧室的地面装饰材料，以营造出贴近自然的感觉，而且木地板表面具有清新自然的纹路，装饰效果十分美观大方。还可以在地面采用木地板拼花的设计形式，为卧室空间营造活泼灵动的氛围。

◇ 木地板与地毯的组合是卧室中常见的地面装饰材料

◆ 餐厅地面

在设计餐厅空间时，不但要处理好空间划分和家具布置，而且可以通过细心的地面设计来提升用餐环境的品位与舒适度。材料的选择是餐厅地面装饰的重要环节，餐厅空间的地面材料，以各种地砖或复合木地板为首选。因为这两种装饰材料都具有耐磨、耐脏、易清洗、花色品种多样等特点，不仅符合餐厅空间的特性，而且方便清洁。

◇ 餐厅地面宜选择玻化砖、强化复合地板等耐脏易清洗的装饰材料

◆ 厨房地面

厨房空间大多比较湿润，而且油污较多，因此在为其设计地面时，应满足防潮、防火、易清洁等需求。瓷砖是厨房地面最为常见的装饰材料之一，具有易清洁、经久耐用等优点。由于瓷砖地面冰冷且坚硬，一旦潮湿可能导致滑溜。因此，可在厨房选用亚光防滑的釉面砖材质，防止地面过滑造成安全问题。

◇ 亚光防滑的釉面砖是厨房地面的首选材料

◇ 六角砖铺贴的地面与木地板之间形成不规则的收口，富有趣味性

◆ 卫浴间地面

由于卫浴间的环境较为潮湿，因此在设计地面时，应选用防潮防滑、吸水率低的材料。此外，在铺设地面材料前，务必做好防水处理，并且要保证砖面有一个泄水坡度，坡度朝向地漏。铺设完后必须做闭水实验，时间至少要保证 24 小时。此外，铺设时要注意与墙砖通缝、对齐，以保证整个卫浴间的整体感，避免在视觉上产生杂乱、分裂等印象。

◇ 具有立体感纹样的拼花瓷砖由地面延伸至墙面，扩展小空间的视觉感

全案设计基础

软装全案设计师必备

PART

5

全屋 收纳定制 方案

第五章

- F U R N I S H I N G -

- DESIGN -

室内空间的收纳设计是家居装饰中非常重要的环节，一个井然有序的空间，更能体现出人性化的设计水准。如果户型较小，在收纳设计上更要精准，以提升空间利用率。在规划收纳方案时，必须做好物品分类和空间分类，同时要物归原位，摒弃随手放置的习惯，以免让室内显得杂乱不堪。

第一节

玄关收纳定制方案

FURNISHING
DESIGN

玄关的实用性就在于能收纳一定的物品，进门前换下的衣帽鞋都需要得到妥善收纳。对于小户型而言，造型简单的挂钩无疑是最佳选择。稍宽敞一点的玄关可以再摆放一个中等高度的储物柜或者五斗橱，便能收纳更多的衣服或鞋子。但是依然建议保留一些开敞空间，让整体的布置看起来活泼富有变化。如果玄关的空间够大，便可以多摆设一些衣柜，毕竟有柜门的储物空间看起来整齐大气。

Point

01 鞋柜收纳

鞋的收纳在玄关收纳中占据很大一部分，而鞋柜是把各种鞋分门别类收纳的最佳地方，看起来不仅整洁，而且很方便。鞋柜通常都会放在大门入口的两侧，至于具体是左边还是右边，可以根据大门的推动方向，也就是大门开启的方向来定。一般柜子应放在大门打开后空白的墙面空间，而不应藏在打开的门后。

鞋柜常受限于空间不足，小面积玄关通常需将收纳功能整合并集中于一个柜体，再经过仔细规划设计，才能将小空间的效能发挥到极致，满足所有收纳的需求。

◇ 上下断层的鞋柜造型除实用之外，同时可以有放置工艺品的隔层

◇ 中间断层部分增加石材作为台面材质，可避免平时拿取物品时被划花

◇ 鞋柜底部悬空，适合摆放临时更换的鞋子

男鞋与女鞋大小不同，但一般来说，相差不会超过 30cm，因此鞋柜内的深度一般为 35~40cm，让大鞋子也刚好能放得下，但若能把鞋盒也放进鞋柜，深度至少 40cm，建议在定做或购买鞋柜前，先测量好自己与家人的鞋盒尺寸作为依据。

鞋柜内鞋子的放置方式有直插、平放和斜摆等，不同方式会使柜内的深度与高度有所改变，而在鞋柜的长度上，一层要以能放 2~3 双鞋为主，千万不能出现只能放一只鞋的空间。

◇ 整体鞋柜中增加一部分开放式展示柜，增加层次变化的同时又具有装饰性

◇ 鞋柜深度尺寸

◇ 定做或购买鞋柜前应先测量好家人的鞋盒尺寸

Point

02 换鞋凳收纳

换鞋凳是家居玄关处最为常见的家具，在方便日常生活的同时，还能为玄关空间增添许多美感。如果玄关空间较小，可搭配造型简单并且不占用过多空间的换鞋凳，追求实用的话可以选择具有收纳功能的换鞋凳，或者直接利用其他收纳器具充当换鞋凳的功能。如自带小柜子的换鞋凳足以收纳玄关的零碎物品，其柜子台面还可以摆放一些装饰品。

此外，换鞋凳可和衣柜、衣帽架等一体打造，嵌入墙体。由于需要定制，这样换鞋凳可以更加适应不同户型的需要。

◇ 换鞋凳与衣柜形成一体式的设计

◇ 利用柜体局部掏空形成的换鞋凳

Point

03 墙面挂钩收纳

挂钩虽然不起眼，但如果搭配得当也能带来十分高效的收纳效果。特别是狭长形的玄关，其大面积的空白墙面正好可以用于装置挂钩，能在很大程度上提升立面空间的收纳效率。很多小户型会选择在玄关空间直接摆放一个矮鞋柜，那么柜子的上方就可以设计一些挂钩，用于挂放诸如帽子、围巾、挂包和钥匙之类的日常用品，不仅不占用空间，而且取放也十分方便。也可以把挂钩设置在柜子另一侧的墙面上，用于收纳比较长的衣服、围巾等。挂钩的下方还可以用来摆放换鞋凳、伞架等零碎物品。

◇ 富有趣味性的字母挂钩可悬挂钥匙等小物品

◇ 玄关设计挂钩具有悬挂衣物与拎包的功能

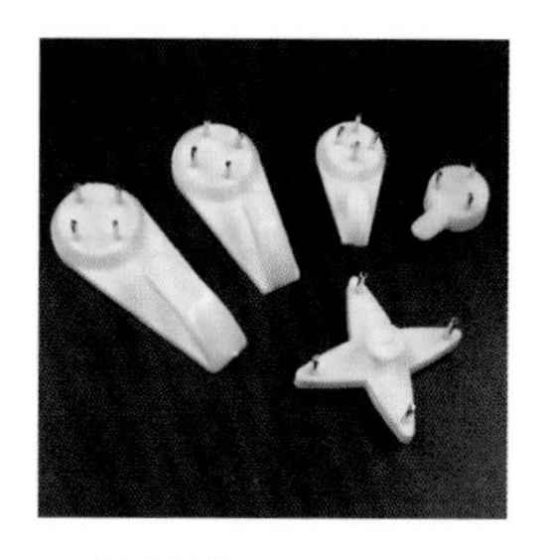

◇ 无痕挂钩

◇ 吸盘挂钩

挂钩形式多样，一般可分为钉式挂钩、黏力挂钩、吸盘挂钩及利用力学原理的无痕挂钩等。选择一些不同形状、不同色彩的挂钩，能为玄关空间带来别样的装饰效果。挂钩的高度和数量搭配较为灵活，可根据实际空间的面积及业主的身高进行选择。此外，还可以专门为孩子增加几个低矮的挂钩，以培养孩子收纳的习惯。

◇ 动物造型的铁艺挂钩富有趣味性，安装时注意牢固度

◇ 高低错落安装的挂钩让墙面显得更有层次感

第二节

客厅收纳定制方案

FURNISHING
DESIGN

客厅收纳对于营造一个良好的室内环境是非常重要的。通过巧妙的设计，可以把客厅打造成为多功能和多元化的生活片区。电视柜作为客厅里除了沙发之外最为重要的家具，除了用于摆放电视机以外，其收纳功能也可以进行充分的挖掘。沙发背景墙也蕴藏着强大的收纳功能。比如可在沙发墙上方做上吊柜、置物架、隔板等用于收纳物品，不仅不会影响日常使用，而且还能增强客厅空间的视觉层次感。

Point

01 茶几收纳

茶几是家居客厅内的必备家具，除了用来摆放茶水之外，其实还隐藏着强大的收纳功能。在选择客厅的茶几时，可以挑选两层结构，或是包含收纳箱体的款式，可将一些生活杂物进行完美的收纳，非常实用。

除了传统的茶几外，还可以利用富有简约气质的木箱代替茶几，不仅能为客厅空间带来自然复古的装饰效果，而且还具有强大的收纳功能。木箱茶几上可以用于摆放茶壶、茶杯，而箱体内部空间则可以储存大量的杂物，完美地将收纳隐藏于其中。

◇ 两层结构包含箱体的收纳型茶几

◇ 两层结构的茶几将一些生活杂物进行完美收纳

◇ 带有储物篮的收纳型茶几

◇ 用木箱代替茶几

Point

02 电视柜收纳

小户型的客厅面积不大，因此适合搭配体量小巧、造型简洁的电视柜。可以将电视柜设计成半开放式的结构，封闭的抽屉可以用来收纳小物品，开放区域则可以用来展示。也可以将整个电视背景墙设计成一个组合式的电视柜，用于摆放电视以及收纳日常用品，不仅达到了一柜多用的效果，而且由于柜子覆盖了整个墙面，因此空间的整合度丝毫不会受到影响。

悬挂式电视柜是现代家居中的常见选择。在制作悬挂式电视柜时，要设计好离地高度，一般控制在能伸进去一个拖把的高度即可。如果电视柜的层板较长，其安装一定要牢固，不然时间长了会向下弯曲，甚至有可能发生断裂的现象。悬挂式电视柜的层板最好选用双层木工板，并且在施工时先在原墙面钉两层木工板，再把电视柜层板用钉子固定在上面，最大限度地增加电视柜与墙面之间的牢固度。

如果室内电视背景墙是弧形结构，就不能考虑搭配常规造型的电视柜了。可以针对弧形墙面进行定制或者现场制作，让其在造型设计以及实用性上，都发挥出极致的效果。设计电视柜时，应把控好层板的厚度，一般控制在 40~60mm 为佳。太薄了容易变形，太厚则会显得过于笨重。此外，如果采用大理石作为电视柜的层板，应注意在施工时加以钢筋作为支撑，以保证其牢固度。

◇ 将整个电视背景墙设计成组合式的电视柜

Point

03 隔断柜收纳

很多户型的客厅是与其他功能区相连的，因此常常需要设计相应的隔断将空间分隔开来。选择开放式的隔断柜作为两个空间的隔断，不仅能提升室内空间的利用率，而且还能缓解室内的拥挤感，让空间的视野更加宽敞开阔。

对于客餐厅一体的户型来说，最常见的隔断当属矮柜隔断了。在客厅与餐厅之间放置一张矮柜，除了能在视觉上分隔客餐厅空间，矮柜还有着强大的收纳功能。但在搭配矮柜时，要注意控制好柜子的高度，一般以坐下时能刚好遮住人的视线为宜。

◇ 利用隔断柜作为沙发的背景

◇ 顶天立地的隔断柜兼具电视背景的功能

◇ 实用的同时起到分隔空间作用的隔断柜

Point

04 展示柜收纳

在客厅设计展示柜，不仅可以用于收纳书籍，让客厅空间充满文学艺术气息。而且还可以摆放收藏品以及饰品摆件，增加空间的装饰品质。需要注意的是，不要摆满每个格子，否则容易显得呆板单调，在中间穿插摆放一些艺术品和绿植，能让整体效果更加灵动活泼。此外，在设计展示柜时，要以简洁大方为主，其整体设计不仅要满足物品收纳需求，还需具备一定的美观性。尤其是客厅内的展示柜，不能因造型太过复杂，而对室内的整体装饰风格造成影响。

客厅展示柜的结构设计也十分重要，比如在设计过程中，要对室内空间的结构进行充分利用，把展示柜的线条感和平面感衬托出来。同时，还需规划好展示柜的安装区域，不能影响到家庭成员的活动空间。此外，在设计展示柜时，不能忽视色彩的设计。使用合适的色彩作为搭配，不仅能将展示柜的设计重点凸显出来，而且能为客厅空间的装饰营造出视觉亮点。

◇ 展示柜上的物品注意三角形陈设的原则，避免摆满每个格子

◇ 客厅靠窗处的墙上设计展示柜，形成一个小型阅读区

◇ 沙发墙为制作满墙的开放式书柜，带来一室的艺术气息

Point

05 墙面搁板收纳

如果不想让客厅墙面显得太复杂，可以只在电视机上方安装一条长搁板。简洁且不加雕琢的设计，能为客厅营造出一种纯粹的美感，而且还具有一定的收纳作用。此外，还可以选择组合式搁板，不仅能增加陈列空间，还能增加客厅空间的设计美感。无论是设置单层搁板还是多层搁板，抑或是搁板加壁柜的组合，都让电视墙显得更加鲜活生动。

在沙发背景墙上设计搁板并搭配书籍、花草、工艺饰品等元素，实现收纳的同时可以达到美化客厅空间的效果。建议可把搁板高低摆放，最好长短不一，在视觉上较为活泼。安装前要先测量沙发墙的长短，再决定搁板的宽度以及排数。建议大面积的沙发墙可以安装三排以上的搁板，如果墙面小，两排搁板就足够了。搁板的宽度建议不要超过 30cm，一般控制在 23~27cm 效果较佳。

◇ 电视机上方的搁板除了增加墙面的层次感之外，也可以成为展示软装饰品的好地方

◇ 搁板下方安装灯带，给空间带来具有线条感和空间感的光线照明，也让搁板上的展示物更加突出

◇ 一字形隔板

◇ 曲折造型搁板

第三节

卧室收纳定制方案

FURNISHING
DESIGN

卧室在放置了如床、床头柜、梳妆台以及衣柜等必要的家具后，其空间往往所剩无几。但是卧室的衣物、零碎物品都要找地方容身。要化解空间矛盾，就必须好好利用卧室的床边角和墙面等特殊空间，为物品找到更多的容身之处。其实，卧室中除了常见的收纳家具外，一些小工具也能起到很好的收纳作用，譬如储物篮、挂钩等，由于这些收纳工具身形小巧，因此可以放置在卧室的各个地方。卧室空间的墙面也可作为收纳空间，比如可以在墙上设计搁板，不仅具有收纳功能，而且可以在上面摆放一些饰品，让卧室空间呈现出更为多元化的美感。

Point

01 床头柜收纳

床头柜作为卧室家具中不可或缺的一部分，不仅方便放置日常物品，对整个卧室也有装饰的作用。选择床头柜时，风格要与卧室相统一，如柜体材质、颜色，抽屉拉手等细节，也是不能忽视的。如果床头柜放的东西不多，可以选择带单层抽屉的床头柜，不会占用多少空间。如果需要放较多东西，可以选择带有多个陈列格架的床头柜，陈列格架可以摆放很多饰品，也能用于收纳书籍或其他物品，可根据自身需要进行调整。

如果户型面积较小，放完床后没有放置床头柜的空间，可考虑在床头一边或者两边的墙面上，设计一个能收纳又具有装饰作用的置物架或者置物柜。比起普通的床头柜，悬挂在墙上的壁柜不仅不占用地面空间，而且能让卧室空间显得更为通透。

◇ 利用收纳箱叠放组成的床头柜

◇ 方格式造型的床头柜

◇ 错落型的床头柜显得富有动感

Point

02 衣柜收纳

衣柜是卧室空间最为常见也是最为重要的收纳家具，其整体由柜体、隔板、门板、静音轮子、门帘等组件构成。并以不锈钢、实木、钢化玻璃、五金配件等为材料进行制作。衣柜的进深一般在550~600mm，除去衣柜背板和衣柜门，整个衣柜的深度在530~580mm。这个深度比较适合悬挂衣物，不仅不会因为深度不够造成衣服的褶皱，同时在视觉上也不会显得过于狭窄。

由于每个家庭的成员构成都有所不同，对衣柜的使用需求也不一样，因此在设计衣柜时，要充分考虑家庭成员的因素。对于家中的老年人来说，叠放衣物较多，在设计衣柜时可以考虑多做些层板和抽屉。需要注意的是，老年人不宜上爬或下蹲，因此衣柜里的抽屉不宜放置在最底层，最好离地面 1m 左右。如家中有孩子，应根据儿童的年龄以及性格特点设计衣柜。儿童的衣物通常挂件较少，叠放较多，而且还有孩子玩具的摆放等因素，因此在设计衣柜时可以做一个大的通体柜，方便儿童随时打开柜门取放和收藏玩具，不仅能充分满足儿童活泼好动的特点，而且也较为安全。

◇ 衣柜中加入电视柜的功能

◇ 隔断式衣柜让卧室成为一个独立空间

◇ 上下分层的衣柜兼具床头柜的功能

Point

03 飘窗柜收纳

卧室空间的飘窗讲求对整体格局的综合性利用，因此在设计时需进行多样化的搭配，才能体现出其实用效果。如果是可以改造的飘窗，或是后期加装的飘窗，可考虑将其整体设计为收纳柜，不仅能存放不少换季的衣物或棉被，甚至可以存放诶行李箱等较为大件的物品。此外，还可以在飘窗的下部空间设计抽屉柜，用于存储体积较小或者较为常用的物品。如果飘窗的下面不存在墙体，可以考虑为其设计一排悬空式的抽屉。需要注意的是，在安装悬空式抽屉时，应增加角铁加以固定，以提高使用时的安全系数。

飘窗的两侧也是不可遗漏的收纳空间，可以将其设计成全开放或者半开放式的书架或置物架，用于陈列书籍或者软装饰品。结合底部的柜体收纳，不仅节省了许多空间，还为飘窗的设计形式增添了很多情趣。

◇ 储物和休闲兼具的飘窗台，在大理石台板与地柜之间应用木工板衬底，增加牢固度

◇ 利用飘窗的两侧设计开放式置物架

◇ 飘窗柜与衣柜连成一体的设计

◇ 如果在飘窗台上面增加一排抽屉，应考虑这个高度在人坐在上方时是否舒适

Point

04 地台床收纳

家中的衣物数量往往会日渐增多，因此，衣物的存放便成为卧室储物中最为关键的部分。床是占据卧室空间面积最大的也是最主要的部分，特别是对于面积较小的卧室来说，若想增加其储物功能，搭配带抽屉与储物柜的地台床无疑是最佳的选择之一。可将不常用的床品、衣物等放置于床箱中，丝毫看不出收纳的痕迹。

地台床对床垫的大小没有约束，可以选择 1.8m 或者 2m 的尺寸。制作地台床的基础选择实木相对比较环保，平时应经常打扫并保持内部干燥，以免出现发霉、受潮等现象。

◇ 兼具睡床与储物双重功能的地台是小户型空间常用的设计手法

◇ 阶梯型地台床不仅富有趣味性，而且储物功能更为强大

◇ 地台床充分利用空间，而且方便打扫

◇ 抽拉式储物的地台床

书房收纳定制方案

FURNISHING
DESIGN

书房空间总是会被书籍、文具、文件等许多零碎的物品所包围，但书房是用于工作和学习的空间，因此需要一个整洁干净的环境，合理有效的收纳对于书房空间来说是极为必要的。除了书柜等常见的收纳家具以外，还可以使用墙面搁板来作为展示空间，把装饰摆件、家人的照片、植物盆栽、装饰画以及手工艺品摆放在上面，极具装饰效果。

Point

01 书桌收纳

书桌的收纳与整理，对于书房整体的设计效果有着直观的影响。每个人都有把桌面摆放整齐的能力，除了日常维护的习惯，整理收纳的思路也十分重要。如果书桌选择定制，那么可以设计抽屉用来收纳书房的小物品。需要注意的是抽屉的高度不宜过高，否则抽屉底板距离地面太近，可能下面的高度不够放腿。

由于书桌上常常会摆放电脑、台灯等电器，如果不整理好电线，让其相互缠绕，容易让桌面变得凌乱不堪。可以为书桌搭配一个收纳盒，将插座、电线统统收纳进来，化凌乱为整洁。而且手机、平板电脑在充电时可以整齐地架在收纳盒上，以腾出桌面空间，需要注意的是，收纳盒的底部须留有一定的空隙，有利于通风散热。

◇ 书桌上摆放收纳篮，方便收纳办公或学习用品

◇ 现场定制的书桌下方设计了一排抽屉，实用的同时显得简洁大气

Point

02 书柜收纳

书柜的尺寸没有一个统一的标准，不仅包括宽度和高度等外部尺寸，还包括书柜内部的尺寸，如深度、隔板高度、抽屉的高度等。两门书柜的宽度尺寸在500~650mm，三门或者四门书柜则扩大到1/2到1倍的宽度不等。一些特殊的转角书柜和大型书柜尺寸宽度可以达到1000~2000mm，甚至更宽。书柜的高度要根据成年人伸手可拿到书柜最上层的书籍为原则。

房间比较多的家庭，通常会单独设立书房，在放置时还应根据空间的大小考虑造型。一般来说，书柜造型分为三大类：一字形书柜、不规则形书柜、对称式书柜。

一字形书柜造型简单，由同一款式的柜体单元重复而成的。这样的设计通常比较大气稳重，适合比较大、开放的空间，也适合用来营造居住者的文化品位。

不规则形书柜的柜体布置不是对称的，可能通过柜层的高度、宽度不同，或者门板的设计不同来体现。不规则设计的书柜通常比较时尚、个性，备受年轻人喜爱。

对称式书柜通常有一个中轴线，成左右对称。这个中轴线可以是柜体本身，但多数情况下会是一张书桌。对称设计常在小空间中发挥优势，容易凸显秩序，又能更提高空间利用率。

◇ 一字形书柜

◇ 不规则形书柜

◇ 对称式书柜

Point

03 榻榻米收纳

很多户型由于整体面积较小，会在书房中加入客卧功能，以提升空间利用率。可将榻榻米与书房进行组合设计，在不占用过多空间的基础上，带来更加丰富的空间功能。比如采用书桌、书柜与榻榻米连接的设计，不仅可以增加书房的储物收纳功能，而且为榻榻米铺上软垫后还能作为一个临时的客卧。

如果书房面积过小，则建议直接做成全屋榻榻米，并采用日式的推拉门设计。如果需要功能的多样性，还可以在书房靠墙的位置设计榻榻米，既能满足睡觉的需求，也可以将其作为一个休闲活动区，最重要的是可以增加更多的储物空间。

◇ 书房做成全屋榻榻米的形式

◇ 书房靠墙的位置设计榻榻米

◇ 书架与榻榻米一体化的设计，可以腾出更多的活动空间

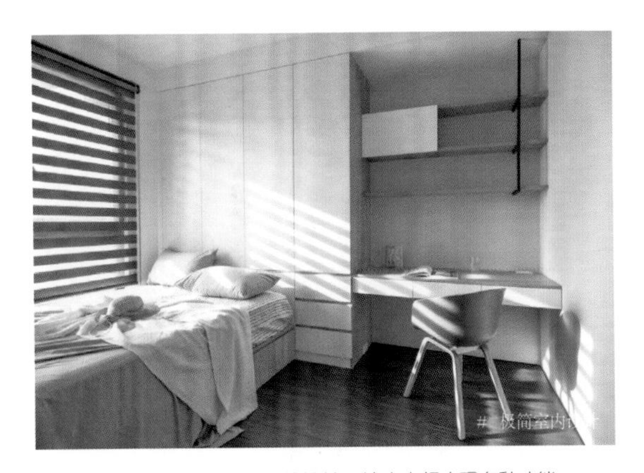

◇ 书桌、书柜与榻榻米连接的设计，让小空间实现多种功能

餐厅收纳定制方案

FURNISHING
DESIGN

一个良好的就餐环境会带给全家人好心情。合理有效的餐厅收纳不仅可以让餐厅变得整洁卫生，而且有助于营造出一个温馨的就餐氛围。餐厅的收纳方式很多，除了餐柜以外，面积较小的餐厅可利用卡座的设计节省空间，同时实现强大的收纳功能。

Point

01 餐柜收纳

餐边柜是餐厅空间必不可少的搭配，不仅具有改善用餐气氛、放置餐具等作用，而且还弥补了餐厅收纳空间不足的问题。餐边柜的内部格局应灵活设计，要充分考虑可能会出现在这里的物品尺寸，灵活开放的内部空间设计，可以让不同大小的物品都能容纳进去。此外，还可以在餐边柜上摆放工艺品摆件，以提升餐厅空间的装饰氛围。

◇ 三种柜门的设计形式让餐柜的收纳功能更为丰富

◇ 对称设计的餐柜在收纳的同时还可以通过摆设饰品起到美化空间的作用

◇ 利用楼梯下方的空间设计餐柜，实现角落空间的价值最大化

◇ 嵌入墙体的大面餐边柜具有开放式展示与封闭收纳双重功能

餐柜分为低柜式餐柜、半高柜式餐柜、整墙式餐柜和隔断式餐柜等。

低柜式餐柜的高度很适合放置在餐桌旁，柜面上的空间可用来展示各类照片、摆件、餐具等。

半高柜式餐柜收放自如，中部可镂空，沿袭了矮柜的台面功能，上柜一般做开放式，比较方便常用物品的拿取。

半高柜形式收放自如，中部可镂空，沿袭了矮柜的台面功能，上柜一般做开放式比较方便常用物品的拿取。

整墙式餐柜采用一柜到顶的设计，上下封闭，中间镂空，根据需求可以有多种形式设计。空格的部分缓解了拥堵感，可以摆设旅游纪念品和小件饰品；其他的柜子部分能存放就餐需要的一些用品。

如果餐厅与外部空间相连，整体空间不够大，又希望把这两个功能区分隔开来，可以利用餐柜作为隔断，既省去了餐柜摆放空间，又让室内更具空间感与层次感，避免空间的浪费。

◇ 半高柜式餐边柜

◇ 整墙式餐边柜

◇ 低柜式餐边柜

◇ 隔断式餐边柜

Point

02 卡座收纳

现在很多人会把卡座引入餐厅空间，既实用又有格调。采用卡座一方面可以节省餐桌椅的占用面积，另一方面卡座的下方空间还可以用于储物收纳，卡座的设计很好地将收纳空间和餐椅合二为一，而且还能让餐厅空间显得更加紧凑。同时，对于有孩子的家庭，固定的座位能够避免许多安全隐患的发生。如果是客餐厅一体化的空间设计，还可以设计一个卡座作为客餐厅之间的隔断，让家居环境看起来更加温馨且充满设计感。

常见的餐厅卡座设计形式有 U 形卡座设计、一字形卡座设计、L 形卡座设计。

U 形卡座是在原有空间功能区划分的基础上进行的，因此相对来说对户型的结构要求会更高一些。此外，其三面的座位安排，真正做到了空间利用的最大化。

一字形卡座也叫单面卡座，这种卡座的结构非常简单，没有过多花哨的设计，大多采用直线形的结构倚墙而设。

L 形卡座一般是设置在墙角拐角的位置，这种形式能够充分利用家居空间的设计，合理改造家居中的死角位置。

◇ U 形卡座

◇ 一字形卡座

◇ L 形卡座

第六节

厨房收纳定制方案

FURNISHING
DESIGN

厨房中需要收纳的物品既多又杂，如果散乱摆放，常常会显得凌乱不堪。想要拥有一个收纳有序的厨房，必须要找出厨房的收纳重点，并制订相应的收纳方案，才能让各种零碎小物件各得其所，还厨房干净整洁。除了橱柜之外，墙面是最容易被忽视的收纳地，稍加利用，不仅可以有效地安放物品，更能有效地节省台面空间。

Point

01 橱柜收纳

橱柜由地柜、吊柜、高柜三大结构组成，其结构又可细分为台面、门板、柜体、厨电、水槽、五金配件等部分。橱柜的内部结构规划得越细越好，比如多做一些隔板对内部进行合理分区，以收纳不同种类的东西。橱柜的下部空间可以设计一块区域用来放置锅具，上部空间则可以利用隔板或抽屉，将杯子、碗、壶等进行分类摆放。橱柜的分区设计不仅让厨具清晰明了，而且也提升了取用时的便利度。

现代家居的厨房空间通常会有很多诸如冰箱、微波炉、烤箱等厨房电器，如果不对厨房电器的摆放位置进行规划，会让厨房空间显得更为拥堵。采用内嵌式橱柜是最节省空间的厨电收纳方式。嵌入式的设计让橱柜将厨电隐藏于无形中，而且没有了外露的各种插头、线路，能使厨房空间显得更为整洁、干净。需要注意的是，嵌入式橱柜应搭配与其风格对应的厨房电器，让厨房的整体风格显得更为统一。

◇ 橱柜内部应进行合理分区，以收纳不同种类的东西

◇ 将厨房电器内嵌于橱柜之中节省出空间

常见的橱柜类型分为单排形橱柜、双排形橱柜、L 形橱柜、U 形橱柜等。

单排形橱柜指的是将所有的柜子和厨房电器都沿一面墙放置。这种紧凑、有效的橱柜布局设计，适合中小户型或空间较为狭小的厨房采用。

双排形橱柜中间有一条长长的走道，因此又被称为走廊型橱柜。此外，由于其橱柜沿着走道两边布置，因此又被称为二字形橱柜。

L 形的橱柜一般会把水槽或者灶台设置在短边的位置，然后水槽和灶台之间留下操作台的空间，这样的格局设计比较符合正常的厨房动线。

U 形橱柜可以充分利用厨房三个方位的空间，除去入门的这一面，其他墙面都是橱柜的适用范围，因此具有十分强大的收纳能力。

◇ 单排形橱柜

◇ L 形橱柜

◇ U 形橱柜

◇ 双排形橱柜

Point

02 岛台收纳

岛台指的是独立于橱柜之外，底部设有柜体的单独操作区，一般适用于开放式的厨房空间。相比其他造型的橱柜，岛台具有面积更宽的操作台面和储物空间，便于多人同时在厨房烹饪以及收纳更多物品。如有需要，也可以在岛台上安装水槽或烤箱、炉灶等厨房设备。在安装前，应先查看是否可以进行油烟管道、电路以及通风管的连接，并确保炉灶和水槽之间有足够的操作台面空间。

此外，也可以在厨房中设计一个造型简洁的岛台，其位置可以独立设计，也可以与整体橱柜相连接。再搭配几把风格相近的吧台椅，将其打造成一个临时用餐、喝茶以及与家人交流的平台。

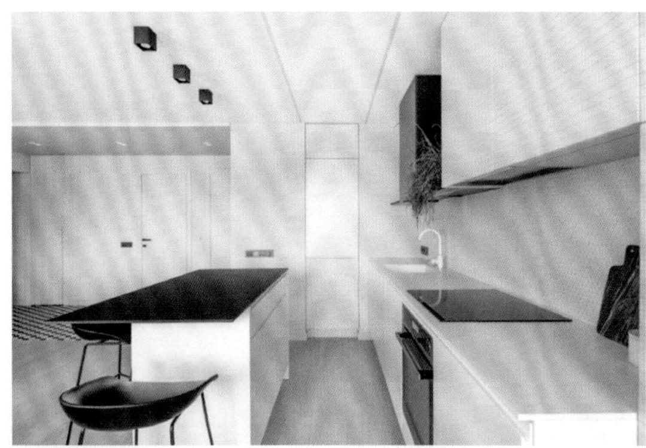

◇ 利用岛台进行收纳

Point

03 置物架收纳

厨房空间承载着每个家庭的锅碗瓢盆、柴米油盐，因此对收纳的需求很大。置物架对于厨房空间来说有着非常实用的收纳功能。

由于厨房的厨具种类有很多，因此在安装置物架的时候要将厨房用具分类放好，并按照不同类别的厨房用具将置物架安装在一个合理的位置。比如沥水架可以安装在洗碗槽的旁边，刀具架可以安装在灶台的角落上，而调料置物架则适合安装在离灶台比较近的地方。

◇ 利用橱柜上方的空余墙面设计置物架

◇ 利用铁艺置物架收纳刀具与调味罐

Point

04 洞洞板收纳

在规划厨房收纳方案时，运用一些简单而富有创意的收纳工具，能给生活带来意想不到的便利。比如洞洞板就是十分简单并实用的收纳工具。所谓洞洞板，就是以一个个圆洞为基础，根据需求添加挂钩、直板等配件，用以收纳厨房内的各种用具。

洞洞板属于一种开放式的收纳，其外观设计虽然比较简单，但可以根据需求，打造出最适合自己的收纳方式。此外，也可以在橱柜内部设计这样的洞洞板，能轻松地提升橱柜内部的收纳效率。

◇ 利用洞洞板收纳

Point

05 墙面挂钩收纳

如果厨房空间不够用，不妨试试利用挂钩从厨房的墙面上发掘出更多的收纳空间。用于制作挂钩的材质有铜、不锈钢、铝合金、塑料等几种，而且尺寸类型也十分丰富，在设计时，可根据需要悬挂的物品重量，选择相应款式的挂钩。

◇ 厨房设计挂钩用来悬挂各类厨具用品，避免了杂乱感

第七节

卫浴间收纳定制方案

FURNISHING
DESIGN

一般卫浴间的面积都不会很大，但需要收纳的日常用品却很多，像化妆品、清洁用品、洗浴用品等，如果随意摆放，就会让卫浴间显得凌乱不堪，因此整洁卫生的收纳成了卫浴间设计的头等大事。置物架与储物柜是卫浴间中最为常见的储物方式，可以在墙上增设置物架或者是毛巾架、浴巾架等，用于收纳一些像毛巾、浴巾以及替换衣物等物品。门背后的死角空间，也能通过设置挂钩的方式将其利用起来，用于挂置毛巾、皮带、衣服等，既节省空间又非常实用。

Point

01 卫浴柜收纳

卫浴柜由台面、柜体以及排水系统三大部分组成，大理石台面搭配陶瓷盆的组合是常见的台面设计。如果卫浴间的面积较大，可以对其进行干湿分区，并根据功能要求和审美需求选择不同形式的卫浴柜。

卫浴柜主要有落地式和挂墙式两种安装形式。在面积较小的卫浴间中，由于淋浴器、马桶、洗脸台已经占据了不少面积，所以要根据空间的实际情况以及格局来选择卫浴柜，如选择吊挂在墙角或是离地面较高的卫浴柜，将空置的区域利用起来，以缓解小卫浴间空间不足的问题，而且还便于清扫，也能有效隔离一定的地面潮气。

需要注意的是，挂墙式卫浴柜要求安装在承重墙或者实心砖墙上，而保温墙和轻质隔墙由于其承重能力较弱，因此不能将卫浴柜安装在上面。

◇ 落地式卫浴柜

◇ 挂墙式卫浴柜

◇ 卫浴柜与储物篮相结合的收纳方式

◇ 根据墙体结构定制的不规则卫浴柜

卫浴间的墙角区域是最容易被忽略、被浪费掉的空间。因此，可以在边角的位置安设一个角柜或置物架，上层开放式的置物格，可以用来摆放装饰摆件，下层则可以用来收纳其他用品。角柜的尺寸要结合收纳需求以及空间的大小来选择，此外，在颜色上要与卫浴间的整体风格保持一致或者接近，以避免因色彩上的冲突而造成的视觉杂乱感。

◇ 盥洗台与侧墙之间设计悬空的储物柜，形态上显得更为轻盈

◇ 盥洗台角落放置置物架，形成更加立体的收纳功能

卫浴间坐便器上方的墙面空间常常被人忽略，可以设置一个尺寸合理的搁板将其利用起来。不仅完美地缓解了卫浴间的收纳压力，而且可以摆放一些装饰品或绿植，达到美化空间的效果。需要注意的是，在坐便器上方设计收纳搁板时，要控制其宽度和高度，以免占用卫浴间内的可活动空间。

◇ 浴缸一侧的置物架方便收纳毛巾、浴巾以及各类洗浴用品

◇ 坐便器上方的墙面安装搁板

Point

02 壁龛收纳

壁龛是一个把硬装和软装相结合的设计理念，在卫浴间设置壁龛不仅不占用面积，而且具有一定的收纳功能，如果为其搭配适当的装饰摆件，还能提升卫浴间的品质，可以说是家居收纳设计中的点睛之笔。

制作壁龛时其深度受到构造上的限制，而且要特别注意墙身结构的安全问题。最重要的一点是不可在承重墙上制作壁龛，制作壁龛的墙体基础条件尺度是：墙壁厚度不少于 30cm，而深度建议是 15~20cm。壁龛的高度在 300mm 左右，表面一般都会贴瓷砖，便于打扫，而且也防水防潮。壁龛的层板可以采用钢化玻璃，也可以采用预制水泥板表面贴瓷砖来完成。

◇ 浴缸上方的壁龛中方便洗浴用品的摆放

◇ 壁龛中可根据使用需要增加玻璃搁板

◇ 壁龛中利用灯带照明带来悬浮般的视觉效果

Point

03 镜柜收纳

小面积的卫浴间可以考虑在台盆柜的上方现场制作或定做一个镜柜，柜子里面可以收纳大量卫浴化妆的小物件，镜柜通常在现代风格家居中用得比较多。卫浴间一般来说都较为潮湿，所以在选购时一定要注意选用防潮材质的浴室镜柜。

镜柜根据功能分为双开门式、单开门式、内嵌式等，需要根据墙面大小，选择适合的功能模式。

◇ 镜柜兼具妆容打扮与收纳卫浴小物件的功能

◇ 镜柜两侧加入开放式展示柜

◇ 镜柜中间加入开放式展示柜